B. G. Sage,
Né a Paris le 7. Mars 1740.
Des Académies Royales des Sciences de Paris, de Stockolm, et des Aca-
demies Impériale et Electorale de Mayence. Censeur Royal.
DISCIPULORUM PIGNUS AMORIS.
P. G. Colson Pinx.
J. Baussiche f.

ÉLÉMENS

DE

MINÉRALOGIE

DOCIMASTIQUE.

Par M. SAGE.

SECONDE ÉDITION.

Tome Premier.

A PARIS,

DE L'IMPRIMERIE ROYALE.

M DCCLXXVII.

AVERTISSEMENT.

L'ATTENTION que j'ai portée dans l'analyse des objets dont je traite dans cette nouvelle édition de mes Élémens de Minéralogie Docimastique, me fait espérer qu'elle pourra concourir parmi nous aux progrès de deux Sciences aussi utiles que le sont la Minéralogie & la Docimasie.

On n'ignore point que cette dernière Science, beaucoup plus aisée à décrire qu'à exercer, demande qu'on réunisse la plus grande précision dans la pratique aux principes de Chimie les plus exacts, pour obtenir d'un Essai des résultats sur lesquels on puisse compter ; aussi les Allemands & les Suédois, convaincus depuis long-temps de cette vérité, n'ont-ils point trouvé de moyen plus propre à fixer parmi eux la Science importante dont je parle, que celui de la faire démontrer publiquement dans des Colléges de Mines établis pour cet objet.

Puiſſions-nous ſous un règne où le Monarque bienfaiſant n'eſt occupé que du bien de l'État & du bonheur de ſes Sujets, voir former un établiſſement auſſi utile à la Nation !

PRÉFACE.

L'ACCUEIL favorable que le Public a bien voulu faire à la première édition de ces *Élémens de Minéralogie*, m'engage à les lui présenter de nouveau, mais plus soignés quant à la forme, & beaucoup plus complets quant au fond. Le peu d'étendue que j'avois donné à certaines propositions, dont la vérité ne pouvoit être saisie que par ceux qui possédoient déjà l'ensemble de ma théorie, avoit répandu sur cet Ouvrage un air de paradoxe, qui a sans doute indisposé contre lui plus d'un Lecteur : mais le desir d'être utile & de mériter de plus en plus l'estime de mes Concitoyens, m'a fait reprendre & vérifier en détail toutes mes expériences, en y en ajoutant beaucoup d'autres, dont les unes m'ont conduit à me rectifier en plusieurs points, tandis que les autres n'ont fait que me confirmer la réalité du plus grand nombre de mes découvertes.

Je fais qu'il reste encore beaucoup à découvrir avant de pouvoir atteindre à cette connoissance approfondie de la Nature, qui fait l'objet des vœux de tous les Physiciens; mais j'aurai mis au moins fur la voie d'y parvenir, en démontrant que nos efforts font inutiles fans le fecours de la Chimie, qui est la feule & vraie clef de la Physique expérimentale *(a)*. En effet, on ne fauroit lire les ingénieufes expériences du Docteur Priestley, fur *l'air fixe*, fans regretter qu'un auffi grand Physicien n'ait pas eu des connoissances plus profondes en Chimie; des génies du premier ordre

---

(a) Ce n'est qu'à l'aide de la Chimie qu'on pourra, par exemple, expliquer d'une manière fatisfaifante la caufe de la falure de la mer, & pourquoi cette eau de mer est moins falée que celle de certaines fources. La Chimie feule peut rendre raifon de la formation & de la décompofition fpontanée des fubstances du règne minéral : elle feule enfin peut dévoiler les caufes de phénomènes fans nombre que préfentent l'air, l'eau, le feu, les fels, &c. &c.

ont imaginé de sublimes hypothèses sur le Système du Monde ; mais pour avoir négligé cette Science, leurs assertions ne s'accordent pas avec tous les faits ; c'est même ce qui leur a fait avancer, que le *phlogistique*, le *minéralisateur*, l'*acide* & l'*alkali*, ne répondoient à aucune idée claire & précise, ni même à aucun être réel. On peut conclure de-là, que ce n'est point à *priori* que nous parviendrons à connoître la marche de la Nature, dans la formation & la décomposition des substances minérales, c'est au contraire par la voie de l'*analyse* & par l'examen des principes que cette analyse nous fournit, que nous pourrons nous flatter d'approcher un jour de ce but, & c'est ce que je n'ai jamais perdu de vue dans le grand nombre d'expériences dont je rendrai compte dans cet Ouvrage.

D'après les résultats constans de ces expériences, j'admets l'*acide phosphorique* pour l'acide primitif, l'acide universel ou élémentaire, dont tous les autres ne font que des modifications.

Cet acide, lorfqu'il eft joint à du *phlogiflique*, devient *acide phofphorique volatil fumant*, le feul auquel on connoiffe la propriété de décompofer le verre : mais lorfque l'acide phofphorique circule dans les corps organifés, il en reçoit des modifications diverfes felon la nature des corps qui le contiennent : il devient *acide animal* dans les animaux, *acide végétal* dans les plantes, & celui-ci modifié par la fermentation vineufe, produit l'*acide du vin*, l'*acide éthéré*, l'*acide du tartre*, & même l'*acide du vinaigre*, après avoir été modifié de nouveau par la fermentation qu'on nomme *acéteufe*.

L'*acide vitriolique* me paroît être ce même acide phofphorique modifié, & quoique je ne puiffe encore affigner quels font les agens de cette modification, néanmoins, comme dans la combinaifon d'un acide quelconque avec une fubftance propre à le neutraliſer, il ſe dégage tou-jours un mixte volatil, exactement en rapport avec l'acide marin rendu volatil par une matière graſſe ; j'ai lieu de préſumer que les acides en général ont tous le même principe conſtituant, mais différemment modifié, & que l'*acide marin volatil*, déſigné par la plupart des Phyſiciens ſous le nom d'*air fixe*, eſt la dernière altération dont l'acide phoſphorique puiſſe être ſuſceptible.

L'acide vitriolique, modifié par une légère portion de principe inflammable, donne naiſſance à l'*acide ſulfureux volatil*, & il eſt aiſé de voir que la modification de celui-ci n'eſt que ſuperficielle, puiſqu'il ceſſe d'être acide ſulfureux pour reprendre ſes propriétés d'acide vitriolique dès qu'il eſt étendu d'une grande quantité d'eau.

L'acide vitriolique, modifié par le prin-cipe odorant qui émane des corps tombés en putréfaction, ſe change en *acide nitreux* : il devient *acide marin*, ſi les corps dont cette odeur émane n'ont éprouvé qu'un commencement de putréfaction; enfin l'acide marin modifié par une matière grasse ou par le phlogistique, donne naissance à *l'acide marin volatil*, dont j'ai déjà parlé, lequel a des rapports marqués avec le fluide électrique, avec la matière lumineuse du phosphore, avec l'acide qui se dégage dans la fermentation vineuse, &c.

Le rapport de chaque acide avec les diverses substances, est en général relatif à sa pesanteur spécifique, & à celle de la substance avec laquelle on le combine, en sorte que les loix de *l'affinité chimique* sont absolument les mêmes que celles de la pesanteur. Cela posé, je range les acides minéraux dans l'ordre suivant, en commençant par le plus pesant de tous:

Acides
{
phosphorique.
vitriolique.
nitreux.
marin.
phosphorique volatil.
sulfureux volatil.
marin volatil.

Les quatre Élémens me paroiſſent être;
1.° l'*acide phoſphorique (b)*; 2.° le *phlogiſtique*
ou principe inflammable, qui eſt auſſi le
principe de l'odeur & des couleurs ; 3.°
l'*eau* ou le principe aqueux ; 4.° la *terre*
abſorbante, celle, par exemple, que l'on a
retirée des os calcinés, après lui avoir fait
ſubir pluſieurs lotions pour en dégager tout
principe alkalin *(c)*.

Quoique nous ne connoiſſions pas encore
ces élémens dans un degré parfait de pureté,
il n'en eſt cependant aucun qui ne ſoit
beaucoup plus ſimple que le *feu*, proprement
dit, dans lequel l'acide phoſphorique ſe
trouve joint au phlogiſtique par le concours
de l'air ; l'*air* lui-même n'eſt auſſi que le

(b) Meyer l'a déſigné ſous le nom d'*acidum pingue.*
Voyez ſes *Eſſais de Chimie ſur la chaux vive*, Ouvrage
rempli de bonne Phyſique & d'excellentes vues ſur
les premiers principes.

(c) Les *alkalis* ſont des ſels phoſphoriques avec excès
de terre abſorbante. Ces alkalis ne diffèrent entre eux
que par la quantité de matière graſſe & de phlogiſtique
qu'ils contiennent.

résultat de la combinaison de l'acide phofphorique, du phlogiftique & de l'eau, comme
j'efpère le démontrer par des expériences
décifives, à la fin du fecond volume de
cet Ouvrage.

Après avoir examiné dans la *première
Partie* la nature des *acides* & des *alkalis*,
les *fels neutres* qui réfultent de leur combinaifons, & les *bitumes*, qui, fuivant moi,
font un produit de la matière graffe contenue dans les *eaux-mères*: je paffe dans la
feconde à l'examen d'une autre claffe de
Sels, qui pour être privés de faveur &
non folubles dans l'eau, n'en font pas moins
de vrais mixtes falins *(d)*: ce font toutes
les *Terres* & *Pierres* dont notre globe eft
compofé. En effet, toutes réfultent de la
combinaifon d'un ou de plufieurs acides
avec une bafe quelconque; toutes font fuf-

(d) C'eft une connoiffance nouvelle dont nous
fommes redevables à la Chimie & à l'étude des formes
criftallines, mais qui paffera peut-être encore dans
l'efprit de bien des gens pour un paradoxe infoutenable.

ceptibles de cristallisation, & quelques-unes
même, telles que la *pierre à plâtre*, font
folubles dans l'eau. C'est ce que l'expérience
semble avoir démontré, quant à cette dernière, puisque les Architectes ne peuvent
plus employer aujourd'hui aux fondations
des Édifices du moëllon de plâtre, sans
contrevenir aux Règlemens qui ont été
faits à ce sujet.

En conservant donc à ces différens mixtes
salins les noms sous lesquels ils sont connus,
je divise toute la Lithologie en cinq classes
principales, dont la première comprend *les*
terres & pierres calcaires, *les marbres*, *le*
spath calcaire & *le spath fusible* ou *vitreux*,
qui sont des résultats de l'acide phosphorique, combiné en diverses proportions avec
la terre absorbante ; j'entends par *terre absor-*
bante celle que j'ai désignée plus haut comme
élémentaire, & je la distingue de la *terre cal-*
caire, qui combinée avec l'acide vitriolique
forme les terres & pierres de ma seconde
classe ; c'est-à-dire le *spath séléniteux*, *l'argile*,

l'ardoise, le *kaolin*, les *pierres ollaires* & *serpentines*, les *mica*, la *stéatite*, &c.

Dans la troisième classe sont les pierres dans lesquelles l'acide phosphorique se trouve joint à l'alkali fixe en différentes proportions; telles sont les *basaltes* & *schorls*, les *grenats*, la *tourmaline*, l'*amiante*, l'*asbeste*, le *diamant* & les autres cristaux-gemmes, ainsi que le *jade*.

La quatrième ne contient que le *gypse* ou *pierre à plâtre*, dont les cristaux portent le nom de *sélénite*; c'est un vrai sel neutre formé par la combinaison de l'acide vitriolique avec la terre absorbante.

La cinquième enfin renferme toutes les pierres résultantes de l'union de ce même acide vitriolique avec un alkali analogue à celui du tartre: tels sont le *quartz* ou *cristal de roche*, le *feld-spath*, le *grès*, le *sable* & les *agates*, *cailloux*, *jaspes*, &c.

Les pierres composées de quelques-unes des précédentes, telles que les *porphires*, *granits*, *poudings*, &c. les *zéolites*, les *marnes*

& les autres terres mélangées forment, avec les *produits des volcans* autant d'articles particuliers.

Celui de la *terre végétale* offre à la Physique un phénomène bien digne d'être remarqué : c'est la génération de l'*argile* & du *quartz*, par la destruction des végétaux; preuve des plus complettes que toutes les terres & pierres ont pu se former à la manière des sels, quoiqu'actuellement insolubles dans l'eau.

Je fais voir, à l'occasion des produits volcaniques, les diverses altérations dont les pierres sont susceptibles, soit par l'action des feux souterrains, soit par celle des acides qui circulent dans la sphère d'activité de ces volcans.

La *Minéralogie* fait, conjointement avec la *Docimasie*, la troisième partie de cet Ouvrage. Cette partie méritoit, dans la répétition de mes expériences, une attention d'autant plus scrupuleuse, que c'est celle où j'ai éprouvé le plus de contradictions.

Les uns ont rejeté totalement l'*acide marin*
comme minéralisateur ; d'autres l'ont admis
mais déguisé sous le nom d'*air fixe*, car cette
substance n'est elle-même, suivant moi, que
de l'acide marin rendu volatil par une
matière grasse ou du phlogistique ; d'autres
enfin n'ont voulu reconnoître l'acide marin,
comme minéralisateur, que dans les seules
mines d'argent & de mercure cornées. On
a confronté la mine de plomb blanche avec
le plomb corné artificiel, & l'on a conclu
de diverses expériences comparées, « que
» la mine de plomb blanche n'étoit point
» dans l'état salin, & qu'elle n'avoit aucune
» des propriétés du plomb corné, puisque
» cette mine ne se dissolvoit point dans
» l'eau, & qu'elle ne lui communiquoit
» rien de plus que ne le feroit une pure
chaux de plomb *(e)* ». J'ose dire que cette

____

(e) *Voyez* le rapport fait à l'Académie Royale des
Sciences, sur l'analyse de la mine de plomb blanche ;
par M.rs Bourdelin, Malouin, Macquer, Cadet,
Lavoisier & Baumé. *Journal de Physique du mois de
mai 1774, page 351.*

conclusion

conclusion est aussi peu fondée que celle qu'on pourroit tirer après avoir comparé les cristaux d'azur de cuivre artificiels, avec ceux qu'on rencontre dans les mines, en disant que ceux-ci ne sont point à l'état salin, puisqu'ils ne communiquent à l'eau rien de plus que ne pourroit faire une pure chaux de cuivre, tandis que les premiers sont solubles dans l'eau, & que leur couleur se décompose d'elle-même à l'air libre. Aussi cette légère différence des cristaux naturels aux artificiels, je veux dire la solubilité des uns, & l'indissolubilité des autres dans l'eau pure, a-t-elle suffi pour faire méconnoître leur parfaite identité dans tout le reste, & a fait rejeter aussi l'alkali volatil du nombre des minéralisateurs, quoiqu'on ne puisse lui contester la propriété d'être un dissolvant du cuivre.

Il se trouve même des personnes qui prétendent qu'une substance acide ou alkaline ne peut faire les fonctions de *minéralisateur*, & d'autres qui vont jusqu'à soutenir que le minéralisateur est un être de raison, un mot vide de sens : il faut donc le définir ici. J'appelle *minéralisateur* toute substance saline, arsenicale, sulfureuse, &c. qui, combinée par la Nature avec une substance métallique quelconque, la prive plus ou moins de ses propriétés métalliques, & constitue les différens mixtes, connus sous le nom de *mines* ou de *minerais*. L'arsenic & le soufre ont été long-temps regardés comme les seules substances minéralisantes, mais j'en ai rencontré trois autres qui sont, l'acide marin, l'alkali volatil & la matière grasse produite par l'alkali volatil décomposé. Mes dernières analyses m'ont fait même reconnoître que le soufre, qui dans la blende & la galène minéralise le zinc & le plomb, ne le fait qu'à l'aide de la terre absorbante, avec laquelle il constitue une espèce de *foie de soufre*, très-sensible par sa décomposition lorsqu'on verse un acide sur ces mines.

L'objet de la Métallurgie étant de dégager du minéral les substances minéralisantes & les gangues étrangères à la nature du métal qu'il contient, j'ai commencé cette troisième Partie de mes Élémens par des idées générales sur la torréfaction ou le grillage des mines, & par des observations préliminaires sur les chaux métalliques & leurs verres; j'examine ensuite ce qui se passe dans la réduction ou revivification d'une substance métallique, ce qui me donne occasion de parler des flux réductifs, des diverses sortes de charbons, de la coupellation, des dissolutions & des différentes espèces de précipitation.

Les substances métalliques me paroissent être essentiellement composées d'une terre qui leur est propre, & d'un acide combiné avec du phlogistique; de-là l'espèce de phosphore qui se dégage sous forme de vapeurs inflammables, lors de la dissolution de quelques métaux par les acides vitriolique ou marin. La chaux d'un métal n'étant autre chofe que le métal même dépouillé de son phlogiftique, mais furchargé d'acide phofphorique; il ne s'agit, pour la réduire ou la porter à l'état métallique, que de lui reftituer du phlogiftique; ce phlogiftique fe combinant alors avec l'acide phofporique de la chaux métallique, forme du phofphore, dont une partie fe décompofe en produifant des vapeurs âcres, tandis que l'autre partie fe combine avec la terre métallique, & régénère le métal. Les métaux ne doivent donc point être confidérés comme de fimples compofés de terre métallique & de phlogiftique, mais comme des furcompofés qui ont pour bafe une terre métallique, combinée avec du phofphore.

Ces vues fur la nature des fubftances métalliques en général, font fuivies de l'analyfe & de la defcription de chaque efpèce en particulier. Je ne fuis point entré dans la fynonymie des efpèces, parce que cet objet vient d'être rempli avec fuccès par M. de Romé de l'Ifle dans la defcription méthodique des minéraux de son cabinet, ouvrage recommandable par l'ordre qui y règne, & par un grand nombre d'observations intéressantes sur la formation & la décomposition journalière des mines. Ces observations jusqu'alors éparses, ou négligées, ou totalement inconnues, démontrent ici, par leur réunion, que les substances du règne minéral, après avoir passé par divers degrés d'altération, éprouvent enfin des changemens marqués, soit dans leur forme, soit dans leur tissu, à raison de la différence des principes qui entrent alors dans leur composition.

J'ai tâché d'être clair & précis dans mes descriptions, & de déterminer avec soin les formes cristallines particulières à chaque espèce : outre celles dont il est fait mention dans l'Essai de Cristallographie de M. de Romé de l'Isle, j'en ai ajouté plusieurs autres que j'ai observées dans les substances cristallisées qui m'ont passé par les mains.

J'ai soumis à l'analyse toutes les substances

dont je parle, & en rendant compte de mes expériences je suis entré dans des détails suffisans pour qu'on puisse les répéter & en vérifier l'exactitude.

Dans les essais des mines qui ont été faits jusqu'à présent, on paroît s'être plus occupé du métal que l'on vouloit extraire que des substances qui l'accompagnoient ; mais ce qui a pu suffire au Métallurgiste ne remplit pas les vues du Physicien qui cherche à saisir la Nature jusque dans ses derniers retranchemens. J'ai donc voulu évaluer dans mes Essais, non-seulement la portion de métal fixe qu'une quantité donnée de minéral peut contenir, mais aussi celle des substances volatiles & des autres matières étrangères qui s'y rencontrent encore, même après les opérations préliminaires de la séparation des gangues. Il m'a fallu pour cet effet avoir souvent recours à la distillation dans les *vaisseaux fermés*, & employer divers intermèdes, tels que les acides, l'huile de tartre, le sel ammoniac, &c. C'est à l'aide de ces divers procédés que je suis parvenu à déterminer avec plus de précision qu'on n'avoit encore fait, l'espèce & la quantitédes matières contenues dans un quintal d'essai.

Je conserve avec soin, dans mon Cabinet, les produits de toutes ces analyses, avec un échantillon de la substance sur laquelle j'ai opéré. Cette collection, l'une des plus complettes que je connoisse en ce genre, offre un tableau précieux par son ensemble, puisqu'il met sous les yeux de ceux qui m'honorent de leur présence dans les Cours publics que je fais depuis dix-sept ans, les pièces justificatives de ce que j'avance, tant dans mes Mémoires de Chimie, que dans ces Élémens.

J'ai indiqué par forme d'appendice à la fin de cet Ouvrage, les principaux moyens pour reconnoître & déterminer la nature des eaux minérales. A cette occasion, j'ai cru devoir dire un mot des différens mixtes volatils, désignés par les

Physiciens sous les noms d'*air fixe*, *d'air inflammable*, *d'air nitreux*, *d'air marin*, *d'air déphlogistiqué*, &c. Je rapporte ensuite quelques expériences qui me paroissent démontrer la décomposition de l'air proprement dit.

Pour faciliter l'intelligence de ces Élémens, j'ai réuni sous un seul point de vue les combinaisons de l'acide phosphorique avec diverses substances, soit par la voie humide, soit par la voie sèche. A la suite de ce Tableau se trouve celui des cinq minéralisateurs, avec une Table des matières fort étendue, qui présente, par ordre alphabétique, le Sommaire des principes répandus dans mon Ouvrage.

TABLE SYNOPTIQUE
DES ÉLÉMENS
de Minéralogie docimastique.
PREMIÈRE PARTIE.

SECONDE PARTIE.

Terre absorbante. 109
(COMBINAISONS DE L'ACIDE PHOSPHORIQUE
AVEC LA TERRE ABSORBANTE)

Tome I. c

TROISIÈME PARTIE.

Tome II, Page

Fin de la Table Synoptique.

ÉLÉMENS

ÉLÉMENS
DE
MINÉRALOGIE
DOCIMASTIQUE.

PREMIÈRE PARTIE.

Des Acides minéraux.

ON désigne sous le nom d'acide toute substance qui imprime une saveur aigre & piquante, & qui entr'autres propriétés, a celle de s'unir avec effervescence à la terre calcaire, aux alkalis, &c.

Les Chimistes & les Physiciens ont avancé que les acides étoient composés de terre & d'eau, mais on ne peut adhérer à cette assertion tant qu'elle restera dénuée de preuves; on ne retire

Tome I.   A

pas de terre des acides, & l'eau qu'ils contiennent ne paroît pas leur être essentielle, puisqu'elle diminue leur énergie; en effet lorsqu'on enlève à un acide une partie de l'eau qui l'affoiblissoit, on ne fait que rapprocher les molécules acides, & le fluide qui reste après cette opération, devenu plus pesant & plus corrosif, est alors connu sous le nom d'*acide concentré*.

On doit donc regarder les acides comme des êtres simples, primitifs, qui suivant moi, doivent leur origine à l'acide phosphorique; le nom d'élément convient d'autant mieux à celui-ci, qu'il constitue la lumière & le feu, & qu'il est une des parties intégrantes & essentielles de l'air.

Les acides varient par l'odeur, la couleur & la pesanteur; l'odeur & la couleur sont dûs au phlogistique; la pesanteur indique la concentration de l'acide.

Acide phosphorique.

L'acide phosphorique *(a)* est sans odeur &

____

(a) Pour obtenir par *deliquium* l'acide du phosphore, je pose les cylindres de phosphore sur les parois d'un entonnoir dont l'extrémité est reçue dans un flacon : je couvre l'orifice de l'entonnoir avec un chapiteau; j'ai soin de placer dans le milieu de l'entonnoir un petit tube de baromètre pour servir de passage à l'air du flacon qui est déplacé par l'acide

ſans couleur; lorſqu'il eſt concentré il pèſe beaucoup plus que l'huile de vitriol. *Voyez mes Mémoires de Chimie, page 257.*

L'acide phoſphorique expoſé au feu, ne s'évapore que dans la quantité relative au phlogiſtique qu'il contient; dans ce cas il exhale des vapeurs blanches très-âcres, il ſe fait quelques petites exploſions lumineuſes, & l'on trouve au fond du creuſet une maſſe blanche, demi-tranſparente, acide & déliqueſcente.

L'acide phoſphorique combiné avec le phlogiſtique, forme un ſoufre corroſif connu ſous le nom de *phoſphore;* il eſt plus fuſible que le ſoufre ordinaire, dont il diffère en ce qu'il ſe décompoſe à l'air en répandant une vapeur blanche qui a l'odeur d'ail, & en produiſant une lumière *(b)* d'un bleu blanchâtre. Une once de phoſphore donne par *deliquium* trois onces d'acide inodore & ſans couleur; cet acide paroît gras au toucher; mêlé avec parties

---

phoſphorique; j'ai reconnu que quand je ne prenois pas cette précaution, le phoſphore ſe fondoit & s'enflammoit avec exploſion dans l'appareil, lorſque le thermomètre de Reaumur étoit à 15 degrés, tandis que dans la même température, des cylindres de phoſphore mis dans une capſule, ne ſe fondoient ni ne s'enflammoient pas.

(b) La lumière qui ſe dégage du phoſphore ne produit pas de chaleur.

A ij

égales d'eau distillée, il ne l'échauffe pas fenfiblement, puifqu'il ne fait monter le thermomètre que d'un degré.

J'ai reconnu que la matière lumineufe émanée
du phofphore, étoit un acide particulier, femblable à celui qui fe dégage de tous les corps
combuftibles qui en brûlant ne répandent pas
d'acide fulfureux *(c)*. Cet acide de la matière
lumineufe du phofphore combiné avec l'alkali
fixe, forme un fel qui criftallife en cubes, &
qui a toutes les propriétés du fel formé par
l'acide électrique combiné avec le même alkali,
cet acide nouveau eft femblable à l'acide marin
modifié par une matière graffe, lequel eft à
l'acide marin ce que l'acide fulfureux eft à
l'acide vitriolique.

L'acide phofphorique eft le plus univerfel-
lement répandu, puifqu'il fert de bafe à la
lumière, ce qui lui a fait donner l'épithète de
phofphorique *(d)*; il n'eft point d'animaux ni
de végétaux qui n'en foient pourvus; ~~quand au
régne animal~~, cet acide entre comme partie
intégrante dans la terre calcaire, dans le fpath
phofphorique, le bafalte, les alkalis, &c.

(c) Tous les corps qui dans la combuftion ne répandent
pas d'acide fulfureux, ont pour bafe l'acide phofphorique.

(d) De phofphore, porte-lumière.

Acide phosphorique volatil fumant.

L'acide phosphorique surchargé de phlogistique, devient très-volatil & produit des vapeurs blanches presque incoërcibles; elles décomposent instantanément l'air, ce qu'on reconnoît en faisant brûler du phosphore sous le récipient d'une machine pneumatique, alors le vide se forme, & pour retirer le récipient il faut restituer de l'air en ouvrant le robinet; ce fait s'explique facilement, si l'on admet que l'air est composé d'eau, d'acide & de phlogistique; dans ce cas l'acide phosphorique volatil fumant surcharge l'acide de l'air de matière inflammable, l'air est réduit à l'état d'eau, & les parois du récipient en sont humectées.

L'odeur de l'acide phosphorique volatil fumant est à peu-près semblable à celle de l'acide marin; cet acide phosphorique corrode le verre; si l'on combine ce même acide avec l'alkali fixe, il en résulte un sel déliquescent.

L'acide phosphorique volatil fumant, retiré du spath phosphorique, décompose plus facilement le verre.

Acide vitriolique.

L'acide vitriolique a jusqu'à présent été regardé par la plupart des Physiciens comme l'acide primitif : j'ai moi-même été de cette opinion, mais l'univerſalité de l'acide phoſphorique prouvée par les effets de la lumière & du feu, par la décompoſition & la régénération de l'air, par l'analyſe de preſque tous les mixtes, me fait croire que s'il exiſte un acide vraiment primitif & élémentaire, ce ne peut être que le phoſphorique, dont le vitriolique n'eſt ſans doute qu'une modification.

L'acide vitriolique pur *(e)*, eſt ſans odeur & ſans couleur ; lorſqu'il eſt concentré on le nomme *huile de vitriol ;* ſi on le mêle dans cet état avec un volume égal d'eau diſtillée, il y excite une chaleur ſi conſidérable qu'elle fait monter à 100 degrés le Thermomètre de mercure gradué d'après Reaumur *(f)*.

Lorſque l'huile de vitriol a le contact de quelques matières végétales, elle noircit ſans

---

(e) Cet acide ayant la propriété de ſe combiner avec la plupart des ſubſtances, ne ſe trouve jamais dans la Nature ſous forme fluide ou concrète, dégagée de tout autre corps : l'acide vitriolique fluide dont il eſt fait mention dans cet Ouvrage, eſt celui qu'on obtient du ſoufre par le procédé de Drébel.

(f) La température étoit à 10 degrés lorſque j'ai fait cette expérience : l'acide vitriolique que j'ai employé peſoit une once ſix gros & demi, dans un flacon qui contenoit une once d'eau diſtillée.

contracter d'odeur, mais si l'on mêle avec de l'huile ce même acide vitriolique concentré, il se forme à l'instant de l'acide sulfureux; dans la distillation d'un mélange semblable on obtient de l'acide sulfureux & un peu de soufre.

Il paroît par le procédé de Stalh, que l'acide vitriolique doit être porté au plus haut degré de concentration possible pour donner naissance au soufre par la voie sèche, puisqu'il faut fondre du tartre vitriolé avec de la poudre de charbon pour faire du soufre. Le pyrophore d'Homberg est encore une preuve de ce que j'avance, puisque le soufre ne commence à se former que quand le mélange d'alun & de miel employé pour cette opération est parvenu à l'incandescence.

Acide sulfureux (g).

L'acide sulfureux qui s'obtient ordinairement par la combustion du soufre, n'est qu'une modification superficielle de l'acide vitriolique, puisqu'il cesse d'être acide sulfureux, & qu'il devient acide vitriolique lorsqu'il a été étendu de beaucoup d'eau.

Je suis porté à croire que l'acide sulfureux

(g) Cet acide est un des principes du sel ammoniac sulfureux de la Solfatare.

est un mélange de deux acides, dont l'un est l'acide vitriolique, & l'autre l'acide phosphorique surchargé du principe inflammable.

Acide nitreux.

Lorsque l'acide vitriolique se combine avec le phlogistique ou le principe odorant des corps qui commencent à passer à la putréfaction, il devient acide marin ; mais lorsque le même acide vitriolique se combine avec le phlogistique & la matière grasse des corps qui ont subi une putréfaction plus avancée, il devient acide nitreux ; c'est la raison pour laquelle on trouve ordinairement dans la lessive des platras, du nitre & du sel marin. Ces deux espèces de sel sont à base d'alkali fixe, & cette base est fournie par l'alkali volatil qui s'est décomposé. L'alkali volatil est formé d'alkali fixe, d'une matière grasse qui le constitue alkali minéral & de phlogistique qui est le principe de son odeur & de sa volatilité ; lorsque dans sa décomposition l'alkali volatil n'a perdu que le principe odorant ou le phlogistique, l'alkali minéral restant, sert de base au sel marin qu'on trouve dans la lessive des platras. Ce sel est donc un résultat de l'acide vitriolique du gypse modifié & porté à l'état d'acide marin par le dégagement du

principe odorant ; l'expérience fuivante démontre que l'acide marin peut réfulter d'une
fimple modification de l'acide vitriolique.

Si on laiffe expofée à l'air dans un bocal de
verre une diffolution de cuivre *(h)* faite par
l'alkali volatil dégagé du fel ammoniac par l'alkali fixe, dans le laps de trois ou quatre mois
la diffolution fe décompofe, le principe de
l'odeur de l'alkali volatil fe dégage, fe combine
avec l'acide vitriolique répandu dans l'air, le
modifie & le fait paffer à l'état d'acide marin ;
une partie de la matière graffe de l'alkali volatil
s'unit avec le cuivre & forme un fel infoluble
dans l'eau, qui eft une vraie malachite ; ce fel
fe dépofe aux parois du bocal, tandis que l'acide
marin qui s'eft formé, s'uniffant à l'alkali fixe
laiffé par l'alkali volatil décompofé, donne un
nouveau fel neutre qui fe trouve au fond du
bocal fous la forme de très-beaux criftaux
cubiques.

L'efprit de nitre *(i)* a une odeur qui lui eft

(h) Il faut étendre la diffolution de cuivre de deux
parties d'eau diftillée, couvrir le bocal d'un papier, & le
placer à l'ombre, parce qu'une évaporation trop rapide
ne favorife pas l'expérience.

(i) On a donné le nom d'*eau-forte* à l'acide nitreux
dégagé du falpêtre par le moyen de l'argile.

propre : lorsque cet acide est concentré & qu'il est uni à beaucoup de matière inflammable, il est rouge & répand des vapeurs rougeâtres qui occupent l'espace vide du flacon où on le met ; cet esprit de nitre fumant, doit sa couleur à un excès de phlogistique auquel il reste uni tant que l'acide nitreux est très-concentré ; si on l'affoiblit par un volume égal d'eau distillée, ce mélange prend la plus belle couleur verte ; en l'affoiblissant encore par une égale quantité d'eau, la couleur devient bleue ; mais si l'on ajoute de nouvelle eau, la couleur se dissipe entièrement & l'acide nitreux reste limpide.

Lorsqu'on fait un mélange d'un volume égal d'eau distillée & d'esprit de nitre fumant, la chaleur qui s'excite fait monter le thermomètre de 22 degrés *(k)* ; l'esprit de nitre fumant dont je me suis servi, pesoit une once trois gros quarante-quatre grains dans un flacon qui contenoit une once d'eau distillée.

Acide marin.

L'acide marin n'est, comme on vient de le voir, que l'acide vitriolique modifié par le

---

(k) Lorsque j'ai fait ces expériences, le thermomètre de Reaumur étoit à 11 degrés au-dessus de la congélation : j'ai toujours employé trois onces d'acide dans ces mélanges.

phlogistique ou le principe odorant des corps qui commencent à passer à la putréfaction : c'est un acide très-commun dans la Nature où il se trouve combiné, soit avec l'alkali minéral, comme dans l'eau de la mer, dans celles de certaines sources & dans le sel gemme, soit avec la plupart des substances métalliques avec lesquelles il forme les mines dites *spathiques* ou métaux cornés.

L'acide marin a une couleur jaune citrine qu'il ne perd pas, lors même qu'il a été étendu de beaucoup d'eau, sa nuance ne fait que s'affoiblir.

Lorsque l'esprit de sel est très-concentré, il se dissipe dans l'atmosphère sous la forme de vapeurs blanches ; celles-ci sont invisibles dans les flacons, & ne se font apercevoir que lorsque l'acide marin a le contact de l'air.

J'ai versé sur de l'acide marin fumant, un volume égal d'eau distillée, ce mélange a fait monter le thermomètre de 10 degrés. L'acide marin que j'ai employé pesoit une once un gros, dans un flacon qui contenoit une once d'eau distillée.

Le thermomètre de mercure gradué suivant Reaumur, étoit, lors de cette expérience, à 12 degrés au-dessus de la congélation.

Acide marin volatil.

L'acide marin volatil, est à l'acide marin ce que l'acide sulfureux est à l'acide vitriolique, c'est-à-dire un acide altéré par de la matière inflammable.

Si l'on mêle de l'acide marin non fumant avec de l'huile d'olive, à laquelle on fait présenter beaucoup de surface en la mêlant avec seize parties de sablon : dans l'instant où l'on triture ce mélange, il se dégage une grande quantité de vapeurs blanches qui sont presque incoercibles, & qu'on ne peut rassembler que par le moyen de l'alkali fixe ; le nouveau sel qui en résulte cristallise en cubes, n'effleurit point à l'air, précipite l'argent en jaune citrin, &c. *Voyez mes Mémoires de Chimie, page 9 2,* & mon *Analyse des blés, page 9 2.*

Si, après avoir mis de ce sel dans une cornue tubulée à laquelle on a adapté un récipient avec de l'eau de chaux, on verse ensuite dans la cornue de l'huile de vitriol pure, la vapeur acide qui se dégage d'abord, décompose l'eau de chaux comme il arrive par l'acide connu sous le nom d'*air fixe,* & désigné dans mes Ouvrages sous le nom d'*acide marin volatil.*

L'acide marin volatil est semblable à celui

qu'on obtient des métaux fpathiques ou de la mine d'argent cornée, par la diftillation fans intermède.

On trouve un acide femblable dans la matière lumineufe du phofphore :

Dans l'électricité :

Dans le produit de la diftillation du charbon en poudre :

Dans l'acide volatil qui fe dégage lors de la faturation d'un alkali ou de la terre calcaire par les acides vitriolique & nitreux :

Dans les produits de la diftillation de la craie, & dans ceux de la diftillation de quelques chaux métalliques :

Enfin l'acide qui fe dégage durant la fermentation vineufe, eft abfolument femblable à l'acide marin volatil ; cet acide a été improprement nommé *air fixe*, puifqu'il n'y a pas d'air dans la partie de la cuve qu'il occupe

On a reconnu que cet acide volatil étoit à peu-près une fois plus pefant que l'air.

Remarques fur les Acides.

L'acide phofphorique donne naiffance à l'acide animal, à l'acide phofphorique par *deliquium*, à l'acide phofphorique volatil fumant, & à l'acide du vinaigre.

L'acide vitriolique modifié produit les acides sulfureux, nitreux & marin.

L'acide marin volatil se tire des trois règnes, & me paroît être la dernière altération dont l'acide primitif soit susceptible, sa pesanteur spécifique est à celle de l'air comme 1 est à 2.

Table de la pesanteur des Acides concentrés.

Acide
{
Phosphorique	2^{onces}	5^{gros}	36^{grains}	1548.
Vitriolique..	1.	7.	//	1080.
Nitreux....	1.	4.	//	864.
Marin.....	1.	1.	36.	684.

Phosphorique volatil,
Sulfureux,
Marin volatil.
} (1).

Remarque sur les degrés de chaleur produits par le mélange des différens Acides avec l'eau distillée.

Il résulte des expériences que j'ai faites en mêlant divers acides avec l'eau distillée, que le *maximum* de la chaleur qui s'excite alors est toujours le produit d'un volume égal d'eau

-----

(1) Je ne connois pas de moyens pour apprécier exactement la pesanteur de ces trois derniers Acides.

& d'acide. Si l'acide phosphorique par *deliquium* n'a presque point excité de chaleur, c'est qu'il étoit déjà mêlé avec deux parties d'eau que le phosphore en se décomposant attire ordinairement de l'atmosphère *(m)*.

Alkalis *(n)*.

Les sels alkalis sont composés d'acide phosphorique & de terre absorbante; cette terre y est en excès, ce qui est cause que les alkalis font effervescence avec les acides. L'effervescence est produite par de l'air qui se forme *(o)* & s'échappe à travers le fluide qu'il soulève; durant cette opération une partie de l'acide phosphorique contenu dans l'alkali, s'unit au phlogistique de l'acide employé pour saturer ce sel, & ainsi modifié, se dissipe à l'état d'acide marin volatil.

Les alkalis verdissent la teinture bleue de

(m) Si j'eusse employé des acides aussi concentrés que ceux dont j'ai fait mention dans la Table des pesanteurs; j'aurois obtenu par leur mélange avec l'eau, des degrés de chaleur plus considérables.

(n) Ce mot a été introduit dans la Chimie par les Arabes, pour désigner le sel qu'on retire des cendres de la plante maritime nommée *kali.*

(o) Je crois l'air composé d'eau, d'acide phosphorique & de phlogistique.

violettes *(p)*, mais par ce mélange la couleur bleue, dûe au fer combiné avec l'acide phosphorique, n'eſt point détruite, elle eſt ſeulement modifiée par le mélange du jaune que l'alkali introduit dans cette teinture qui paroît alors verte.

Les acides *(q)* qu'on introduit dans la teinture bleue de violettes, la changent en pourpre, couleur réſultante du bleu & du rouge ; le rouge étant introduit par l'acide, on fait reparoître la couleur bleue par le moyen d'un alkali qui s'empare de l'acide.

Il y a trois eſpèces de ſels alkalis, dont la baſe eſt eſſentiellement la même, & qui ne diffèrent entre eux que par une portion plus ou moins grande de matière huileuſe, & par la quantité de phlogiſtique *(r)* qu'ils contiennent : on les nomme :

(p) Ils n'altèrent pas celle de tourneſol.

(q) Si l'acide nitreux fumant détruit la couleur bleue des violettes, c'eſt que cet acide ſurchargé de phlogiſtique en fournit à l'acide phoſphorique, qui combiné avec le fer, conſtituoit la couleur bleue ; l'acide phoſphorique devient alors volatil, le fer s'unit avec l'acide nitreux & prend une couleur jaune.

(r) Ce principe de l'odeur & des couleurs, paroît être le phlogiſtique ; cette ſubſtance, qu'on pourroit regarder comme élémentaire, éprouve des modifications qui diffèrent ſelon les matières dont elle eſt devenue partie conſtituante.

Alkali

$$\text{Alkali} \begin{cases} \text{végétal.} \\ \text{minéral.} \\ \text{volatil.} \end{cases}$$

(*Alkali végétal.*)

Cet alkali moins composé que les deux autres, résulte de la combinaison de l'acide phosphorique avec la terre absorbante ; il attire l'humidité de l'air & s'y résout en une liqueur qu'on nomme *huile de tartre par défaillance* ; si l'on garde cette liqueur long-temps dans des flacons, elle s'y décompose en partie, & l'on trouve de la terre absorbante au fond du flacon.

L'alkali fixe végétal se forme de trois manières, par la végétation, par la fermentation vineuse, & par la combustion & incinération des substances végétales.

1.° L'alkali paroît être un produit de la végétation, puisqu'on trouve du nitre tout formé dans la tige des tournesols (*helianthus annuus Lin.*) après qu'ils ont été séchés, &c.

2.° Le tartre ou le sel essentiel (*f*) qui se dépose aux parois des tonneaux dans lesquels on met le vin, est composé d'alkali fixe, d'huile &

(*f*) La grande quantité d'huile que contient ce sel avec excès d'acide, le rend presque insoluble dans l'eau froide.

d'acide du vin ; or cet alkali s'eſt formé durant la fermentation vineuſe, car il n'exiſtoit pas dans le *mouſt*.

3.° L'alkali fixe ſe forme auſſi durant l'incinération des ſubſtances végétales, car il n'exiſtoit pas dans la plupart des plantes qui en fourniſſent après la combuſtion ; par cette décompoſition rapide, l'eau, l'huile & une partie de l'acide du végétal ſe diſſipent ou aident à conſtituer le charbon, qui eſt une eſpèce de ſoufre compoſé d'acide phoſphorique, de terre abſorbante, d'un peu de fer & d'une matière produite par de l'huile brûlée qui lui donne une couleur noire.

Le charbon ayant dans l'air libre le contact d'un corps enflammé, ne tarde pas à s'embraſer, dès-lors il ſe décompoſe en répandant dans l'atmoſphère un acide ſurchargé de matière inflammable ; il ne reſte après la combuſtion du charbon que les parties fixes qui ſervoient de baſe au végétal, on les nomme *cendres :* elles ſont ordinairement compoſées d'alkali fixe, de terre abſorbante & d'un peu de fer attirable à l'aimant.

Voici comment on peut concevoir la manière dont l'alkali fixe s'eſt formé durant la combuſtion du charbon ; une partie de l'acide phoſphorique du végétal, n'ayant pas trouvé affez de matière inflammable pour fe volatilifer, s'eft combinée avec la terre abforbante, & a formé l'alkali fixe qu'on retire par la leffive des cendres; mais la quantité d'alkali fixe obtenue par ce moyen eft très-petite, puifque cent livres d'excellent bois de chêne ne m'ont produit que 2 onces 6 gros 16 grains d'alkali; 6 onces 7 gros 40 grains de terre abforbante, & 1 gros 28 grains de fer.

Si j'ai qualifié d'excellent, le bois de chêne dont je me fuis fervi dans l'expérience précédente, c'eft que j'ai reconnu que celui qui avoit éprouvé une altération fpontanée qui l'avoit prefque mis à l'état de *tan (1)*, fourniffoit après avoir été incinéré, dix fois plus d'alkali fixe.

L'alkali fixe végétal fert de bafe au falpêtre de houffage, & à celui qu'on apporte de l'Inde; ce dernier fe produit à la furface de la terre végétale, qu'on leffive pour l'en extraire. M. Bowles, dans fon *Introduction à l'Hiftoire natu-relle de l'Efpagne*, dit que dans ce royaume on retire de la terre végétale qu'on laiffe en jachère, du falpêtre auffi bon que celui de l'Inde.

---

(1) Les bois qui font devenus phofphoriques en fe pour-riffant, prennent fouvent une couleur verte, & ne font pas dans le même cas.

Natron, alkali minéral (u).

Le natron ne diffère de l'alkali du tartre qu'en ce qu'il contient plus de matière grasse, à laquelle il doit la propriété de cristalliser ; ce sel perd à l'air l'eau de sa cristallisation, devient opaque & se réduit en une poudre blanche dont la saveur est un peu plus forte que celle de l'alkali cristallisé.

On peut donner à l'alkali du tartre toutes les propriétés de l'alkali minéral, en le combinant avec une matière grasse devenue principe d'un sel.

Ayant mêlé deux livres d'alkali fixe du tartre, dissoutes dans six livres d'eau, avec une livre d'eau-mère (x) du tartre vitriolé, j'ai fait évaporer ce mélange jusqu'à réduction de moitié, par le refroidissement il s'est déposé des cristaux d'alkali, semblables à ceux de la soude, qui après avoir été saturés d'acide vitriolique ont produit du sel de Glauber.

La décomposition de l'eau-mère du nitre, par le moyen du sel de Glauber, fait connoître

---

(u) Soude blanche.

(x) La livre d'eau-mère que j'ai employée, restoit d'une dissolution qui m'avoit fourni sept livres de tartre vitriolé.

que durant cette opération, une partie de l'alkali minéral est portée à l'état de l'alkali du tartre.

Après avoir mêlé une partie d'eau-mère du salpêtre de l'Arsenal *(y)*, avec une partie de sel de Glauber, j'ai versé dans ce mélange six parties d'eau distillée, & l'ai abandonné à lui-même dans une bassine d'argent; la terre absorbante s'est séparée de l'acide nitreux, j'ai filtré la nouvelle lessive, & j'ai obtenu, par l'évaporation, du vrai nitre en prismes à six pans *(z)*, & du nitre cubique.

Dans la décomposition de l'eau-mère du nitre par le sel de Glauber *(a)*, l'acide vitriolique abandonne l'alkali minéral, & se porte sur la terre absorbante, avec laquelle il forme une véritable sélénite *(b)* qui ne fait nulle effervescence avec les acides.

(y) L'eau-mère de l'Arsenal est composée de salpêtre ordinaire, de nitre à base de terre absorbante, d'un peu de sel marin terreux, & d'une matière grasse qui donne à l'eau une couleur rousse.

(z) Ce nitre après avoir été décomposé par l'acide vitriolique, a fourni du tartre vitriolé.

(a) C'étoit l'expérience par laquelle M. l'abbé de Bruge prétendoit démontrer qu'il convertissoit le sel marin en salpêtre.

(b) Cette expérience est contraire à la table des affinités, & je crois que ce n'est qu'à la faveur de la matière grasse dont la terre absorbante est chargée dans l'eau-mère du

L'alkali volatil étant mis en digestion avec de l'alkali fixe du tartre, lui donne la propriété de cristallifer, comme le prouve l'expérience suivante.

Ayant mêlé une once de sel alkali fixe du tartre avec une once d'alkali volatil concret, j'ai versé sur ce mélange quatre onces d'eau distillée; j'ai mis cette diffolution dans un alambic de verre que j'ai placé sur un bain de sable; au plus léger degré de feu, il a passé dans le récipient de l'esprit alkali volatil; je l'ai recohobé, & par cette seconde distillation il s'est dégagé de l'esprit alkali volatil très-foible, ce qui fait connoître que la plus grande partie de l'alkali volatil s'est décomposée; elle a servi à faire cristallifer en cubes l'alkali du tartre, & à lui donner les propriétés du sel formé par l'acide marin volatil combiné avec l'alkali fixe. Ce sel étant saturé d'acide vitriolique produit du tartre vitriolé, & un peu de sel de Glauber.

Natron, ou Soude blanche d'Égypte.

Cette espèce d'alkali naturel est semblable aux cristaux de soude. On retire le natron (que les Anciens appeloient nitre) du fond de deux

nitre, que s'opère la décomposition du sel de Glauber, & qu'alors une partie de l'acide vitriolique de ce même sel passe à l'état d'acide nitreux.

lacs, dont l'un eft dans le territoire de Terane, à deux journées du Caire, & l'autre dans les environs d'Alexandrie : ces lacs font à fec pendant le printemps, l'été & l'automne ; durant ce temps leur fol eft uni & ferme ; ce n'eft qu'au commencement de l'hiver qu'il fuinte à travers leurs parois, du côté oppofé à la mer, une liqueur faline, rougeâtre, trouble & d'un goût défagréable ; le plus grand de ces lacs a cinq lieues de long fur une de large, il s'y trouve fouvent de cette eau falée de la hauteur de cinq pieds ; plufieurs femaines après qu'elle a ceffé de filtrer, lorfqu'elle s'eft évaporée environ à moitié, des ouvriers tout nus defcendent dans ces lacs, armés de barres de fer pointues, longues de fix pieds, ils détachent les blocs de criftaux & les jettent fur les bords du lac où ils égoutent ; après quoi le natron *(c)* devient blanc & tranfparent, mais peu de temps après il tombe en efflorefcence : l'eau qui a produit les criftaux de natron eft employée pour fervir d'engrais aux terres.

Le natron diffous dans de l'eau diftillée, & criftallifé par l'évaporation à l'air libre, a

____

(c) Le natron ou foude blanche d'Égypte, s'emploie prefque tout dans l'Afie, & il n'en parvient que peu ou point aux Européens.

produit des lames hexagones, & des prismes
tétrahèdres articulés, composés d'octahèdres
implantés les uns dans les autres; ces prismes
sont souvent croisés par d'autres prismes, & ils
ont quelque ressemblance avec les cristaux
d'argent natif du Pérou.

Le natron sert de base au sel marin, au sel
gemme & au sel de Glauber.

Alkali volatil.

L'alkali volatil ne diffère de l'alkali de la soude
qu'en ce qu'il contient une plus grande quantité de matière huileuse, & qu'il est uni à du
phlogistique auquel il doit son odeur; la décomposition spontanée de la dissolution de cuivre
par l'alkali volatil, m'a fait connoître que ce sel
étoit composé des trois substances dont je viens
de faire mention. *Voyez acide nitreux, page 5.*

L'alkali volatil cristallise en lames hexagones:

En prismes minces tétrahèdres comprimés
& terminés à leurs extrémités par un sommet
dihèdre.

L'alkali volatil concret exposé à l'air, se dissipe dans l'atmosphère, & il ne reste rien au
fond du vase où on l'a mis, si l'alkali volatil
qu'on a employé étoit pur.

L'alkali volatil est le même dans les trois

règnes, & ne diffère que par le degré de pureté où il se trouve; il est seulement plus ou moins huileux.

Dans le règne minéral l'alkali volatil sert non-seulement de base aux sels ammoniacaux, marin, vitriolique & sulfureux de la Solfatare, mais on le trouve aussi combiné, tantôt avec le cuivre, dans les cristaux d'azur cuivreux, tantôt avec l'antimoine dans le soufre doré natif; c'est à son intermède qu'est dûe la couleur rouge de cette dernière mine & la couleur azurée de la première.

L'alkali volatil qui se trouve dans les végétaux & les animaux *(e)*, y est toujours combiné avec un acide dont il ne peut être séparé que par intermède, ou par l'action du feu, ou par la putréfaction.

La putréfaction dégage l'alkali volatil des substances végétales ou animales; il est alors mêlé avec une portion de phosphore qui se forme de l'union d'une partie de l'acide phosphorique avec le phlogistique contenu dans l'huile, & il en résulte un foie de soufre phosphorique volatil; tel est celui qui se rencontre dans les matières stercorales humaines.

(e) L'alkali volatil dans les végétaux est le produit naturel de la végétation, & dans les animaux le résultat de la digestion.

Il eſt très-difficile de déterminer d'où vient & comment ſe forme l'alkali volatil dans le règne minéral, je vais rapprocher des expériences qui pourront mettre ſur la voie de cette découverte.

Lorſqu'on triture du fer ou du mercure avec parties égales de ſoufre, il en émane une odeur de foie de ſoufre décompoſé. Dans la préparation du volcan artificiel *(f)*, la même odeur ſe fait ſentir, & elle devient preſque intolérable lorſqu'il eſt prêt à prendre feu. L'altération & l'inflammation ſpontanée des pyrites, produiſent de même une odeur de foie de ſoufre volatil. J'ai reconnu en raſſemblant & décompoſant ce foie de ſoufre par le moyen d'un acide, qu'il étoit compoſé de ſoufre & d'alkali volatil.

Il paroîtra peut-être extraordinaire que je parle ici des propriétés médicinales de l'alkali volatil ; j'y ſuis forcé par ce qu'on a avancé dans un Journal que celles que je lui ai attribuées ſont imaginaires : mais comme je ſuis ſûr par expériences faites, des bons effets de l'alkali

____

(f) Parties égales de limaille d'acier, de fleurs de ſoufre & d'eau, forment un mélange propre à produire le volcan artificiel, qui s'enflamme plus promptement à l'air libre que dans une chambre.

volatil fluor, dans la morsure de la vipère, dans la rage & dans l'apoplexie, je persiste dans ce que j'ai avancé à cet égard : si quelquefois l'on n'a pas obtenu le secours qu'on attendoit de l'alkali volatil dans la rage, c'est qu'on a employé l'esprit de corne de cerf où l'alkali volatil est presque sans effet, parce qu'il est à l'état savonneux. M. Tissot dit dans son Avis au Peuple, qu'il s'est servi avec succès, dans la rage, de l'alkali volatil ; j'ai parlé des différens moyens en usage pour remédier à ce mal, dans une Dissertation sur les propriétés de l'alkali volatil, que j'ai publiée dans mon Examen chimique en 1769.

On lit dans le même Journal, que l'alkali volatil ne peut remédier au poison du *fungus phalloïdes annullatus sordidé virens & patulus*, lequel occasionne une apoplexie dont on meurt en douze heures ; mais l'Auteur de cette assertion n'a donné de l'alkali volatil aux chiens qu'il dit avoir empoisonnés, que onze heures après leur avoir fait prendre le poison de ces champignons.

Dans l'apoplexie, l'alkali volatil doit être pris à la dose de trente ou quarante gouttes dans trois ou quatre cuillerées d'eau : il faut en donner une seconde dose un quart-d'heure après, si le malade n'avoit pas repris l'usage de ses sens ; cet alkali volatil excite quelquefois le vomissement.

Je ne dois pas oublier ici que l'alkali volatil remédie à la brûlure en en mettant immédiatement dessus, comme je l'ai dit dans mon Analyse des blés.

Sels neutres.

Un acide quelconque, combiné jusqu'au point de saturation avec du phlogistique, de l'alkali fixe ou volatil, de la terre absorbante ou des substances métalliques, forme un mixte auquel on a donné le nom de *sel neutre.*

Les terres & les métaux deviennent solubles dans l'eau par l'intermède des acides ; lorsque l'eau de la dissolution s'évapore, les molécules salines se rapprochent, s'assemblent & forment des polihèdres réguliers, ordinairement transparens & souvent colorés, que l'on nomme *cristaux* ; c'est à l'eau qu'ils retiennent en cristallisant, qu'ils doivent leur forme, leur transparence, & souvent leur couleur. La plupart des sels peuvent être privés de l'eau de leur cristallisation sans se décomposer, ils perdent seulement leur forme & leur couleur, & acquièrent une saveur plus forte.

Tout sel contient outre l'acide & la substance qui a servi à le neutraliser, une matière grasse ou huileuse ; cette matière grasse se trouve en plus grande quantité dans les sels minéraux naturels, que dans ceux qu'on fait artificiellement.

Quoiqu'on entende ordinairement par le mot *sel*, une substance dissoluble dans l'eau, & douée d'une saveur quelconque, j'emploie ici ce mot de même qu'en plusieurs autres endroits de mes ouvrages, dans une acception beaucoup plus étendue. J'appelle *sel* tout mixte, soit naturel, soit artificiel, qui résulte de la combinaison d'une ou de plusieurs substances acides avec une ou plusieurs substances propres à les neutraliser : or tous les mixtes du règne minéral étant dans ce cas, puisque tous ont une cristallisation plus ou moins régulière : ceux qu'on désigne vulgairement sous les noms de *terre*, de *pierres*, de *minéraux*, &c. pour n'être pas toujours doués de saveur, ni dissolubles dans l'eau, n'en sont pas moins des composés ou mixtes salins.

Lorsqu'un sel a fourni une certaine quantité de cristaux, l'eau de sa dissolution s'épaissit, se colore & prend une odeur qui lui est propre ; on lui donne en cet état le nom d'eau-mère : elle contient une matière grasse, rendue miscible à l'eau par un peu de sel. S'il est vrai que les parties folides de notre globe foient des mixtes falins, & que le plus grand nombre de ces mixtes ait été formé dans l'élément aqueux, comme tout femble l'attefter, il doit en avoir réfulté une grande quantité d'eau-mère, & par conféquent beaucoup de matière graffe ou huileufe; cette matière que nous trouvons dépofée par couches dans prefque toutes les parties du globe, eft fans doute celle à laquelle on doit la formation des bitumes.

On voit par la Criftallographie de M. Deromé de Lifle, que la théorie des criftaux, relativement à leurs figures géométriques, peut jeter un grand jour fur l'hiftoire naturelle du règne minéral.

Pour obtenir les criftaux réguliers des différens fels, il faut avoir recours à l'évaporation infenfible; tous les fels font fufceptibles de fe décompofer en partie par des diffolutions répétées dans l'eau la plus pure; ceux qui attirent l'humidité de l'air, s'altèrent plus aifément que ceux qui y tombent en efflorefcence; dans ce dernier cas les fels perdent l'eau de leur criftallifation, augmentent ordinairement de volume & perdent de leur poids.

Tous les jours il fe forme des fels par la décompofition fpontanée des minéraux, il fe produit alors des mixtes volatils qui se répandent souvent dans l'espace vide des souterreins, & y détruisent l'air ; ces vapeurs invisibles nommées *moufettes*, sont ou inflammables *(g)* ou acides ; on peut connoître de quelle nature elles sont, par un moyen très - simple ; il suffit de descendre une lumière dans les souterreins, si la vapeur qui s'y trouve s'enflamme, on peut l'instant d'après descendre dans le souterrein ; mais si la lumière vient à s'éteindre, il faut bien se garder d'y aller, de peur d'être suffoqué ; l'alkali volatil doit être employé dans ce dernier cas, il peut rappeler à la vie.

Borax *(h)*.

Le borax nous est apporté des Indes orientales & de la Chine, sous le nom de *tinkal* ; l'analyse de ce sel fait connoître qu'il est composé d'environ parties égales de sel sédatif & de natron.

Jusqu'à présent on a été indécis sur l'origine

(g) Lorsque l'acide vitriolique porte son action sur du fer ou du zinc, il en dégage des vapeurs inflammables, mais si ce même acide porte son action sur de la terre calcaire, il produit l'acide volatil qui constitue l'espèce de moufette connue sous le nom d'*air fixe*, & qui règne dans la grotte du Chien.

(h) Chrysocolle ou *tinkal.*

du borax; Alexis le Piémontois dit que pour le préparer il faut faire un mélange avec du saindoux, des matières susceptibles de putréfaction, & de petits cailloux, ensuite l'enfouir en terre, & qu'après le laps de quatre ou cinq mois on y trouve des cristaux de borax; M. Baumé dit avoir fait du borax par un moyen à peu-près semblable; dans cette opération, l'acide de la graisse se combine avec l'alkali fixe, ce dernier peut avoir été produit par les cailloux *(i)* décomposés, & par l'alkali volatil *(k)* qui résulte de la putréfaction.

PREMIÈRE ESPÈCE.

Borax impur.

Ce sel se trouve sous forme de cristaux blancs, transparens, dans une matière grasse de couleur rousse, qui a l'odeur d'huile rance, & qui brûle comme tous les corps gras lorsqu'on en met sur des charbons ardens.

C'est dans ces masses, qui ressemblent assez bien à du nougat, qu'on trouve des cristaux

---

(i) Les cailloux, de même que le quartz, sont principalement composés d'acide vitriolique & d'alkali fixe.

(n) On a vu ci-dessus que l'alkali volatil ne différoit de l'alkali fixe que par la matière grasse & le phlogistique qu'il contient de plus que ce dernier.

de borax

de borax réguliers ; la figure la plus fréquente de ce sel, est suivant M. Deromé de Lisle, « un prisme hexahèdre comprimé, ayant deux faces opposées plus larges que les autres, ter- « miné par deux sommets trihèdres placés en « sens contraire ; les deux plans larges du prisme « sont pentagones, verticaux ; les quatre étroits « sont trapèzes ; chacun des sommets offre un « pentagone large, adossé à deux trapèzes. »

On trouve aussi dans cette masse brune, du borax en prismes hexahèdres comprimés, qui ont deux côtés opposés plus larges que les autres, sans pyramide, mais les deux bouts tronqués obliquement & parallèlement, c'est la Variété IV.ᵉ de la Cristallographie, *page 97.*

DEUXIÈME ESPÈCE.

Borax bleuâtre.

Ce sel a été séparé de la matière grasse par la dissolution & la cristallisation, mais il contient un peu de cuivre, auquel est dûe sa couleur bleuâtre.

TROISIÈME ESPÈCE.

Borax purifié.

Il est blanc & transparent, mais lorsqu'il reste

Tome I.   C

quelque temps à l'air libre , il devient opaque
par la perte d'une partie de l'eau de sa cristallisation ; dans cette espèce d'efflorescence , le
borax ne perd pas sa forme , c'est l'alkali de la
soude qui perd l'eau de sa cristallisation , car le
sel sédatif ne s'altère nullement à l'air.

Les cristaux de borax purifié , diffèrent , par
leur forme , de ceux que j'ai décrits sous le nom
de *borax impur.*

Première variété. Pyramides à quatre pans ,
ayant quelquefois deux pouces de long sur une
base de huit lignes de diamètre.

Seconde variété. Parallélipipède rectangle ,
dont tous les bords sont tronqués. *Voyez* l'Essai
de Cristallographie , *pl. IV, fig. 11.*

La dissolution de ce sel verdit la teinture
bleue de violettes.

Si l'on expose le borax au feu , dans un
creuset , il se liquéfie , perd l'eau de sa cristallisation , se boursoufle & produit une masse
opaque , spongieuse & légère ; à un feu plus
fort , ce sel se fond & fournit , par le refroidissement , une masse blanche , transparente , à
laquelle on a donné le nom de *verre de borax,*
quoiqu'elle soit soluble dans l'eau , & que ,
par l'évaporation , cette même dissolution repro-
duise du borax.

Le borax est un des sels neutres qui sont susceptibles de cristallisation & de rester constamment unis avec un excès d'alkali, sans qu'on puisse les en séparer par des dissolutions & des cristallisations répétées; la terre calcaire & les basaltes en prismes, me paroissent être du nombre de ces sels.

Parmi les sels avec excès d'alkali, il y en a qu'on peut dégager de cet alkali par le moyen des acides *(l)*; leur dissolution saturée contient alors deux genres de sels neutres, qu'on sépare par la cristallisation; c'est par un procédé semblable qu'on dégage, du borax, le sel sédatif.

Le sel sédatif d'Homberg est un sel neutre, composé d'acide phosphorique *(m)* & d'alkali fixe; la présence de l'acide phosphorique dans ce sel est ce qui empêche qu'il ne puisse être décomposé par les autres acides moins pesans que le phosphorique; d'un autre côté si le même

----

(l) On sépare l'excès de terre qui se trouve dans les basaltes en prismes, en les distillant avec de l'acide vitriolique; le résidu de cette distillation fournit, par la lessive, de l'alun mêlé d'un peu de vitriol martial; ce qui reste après cette lessive est un sel neutre phosphorique moins fusible que n'étoit le basalte avant cette opération.

(m) L'acide animal ne diffère pas de l'acide phosphorique.

fel n'avoit pas pour bafe un alkali fixe, lorfqu'on diffout le borax dans de l'eau, le natron s'empareroit de l'acide du fel fédatif & décompoferoit ce dernier, ce qui n'arrive point.

Le natron, devenu principe du borax, eft dans une combinaifon fingulière avec le fel fédatif, puifque le borax ne fait point effervefcence avec les acides, dans le temps qu'ils en dégagent le fel fédatif en s'emparant de l'alkali furabondant.

Le fel fédatif criftallife en feuillets blancs, tranfparens & brillans, qui ne s'altèrent point à l'air ; ce fel neutre demande, pour fon entière diffolution, beaucoup plus d'eau que le borax.

Le fel fédatif eft foluble dans l'efprit de vin ; cette folution lorfqu'on y met le feu, produit, en brûlant, une flamme verte *(n)*.

Le fel fédatif expofé au feu dans un creufet, s'y fond, & produit, en refroidiffant, une maffe blanche, tranfparente, qui effleurit à l'air ; cette efpèce de verre eft entièrement foluble dans l'eau ; le fel fédatif, de même que le borax, n'éprouve pas d'altération par la fufion.

____

(n) Si l'on met du phofphore fur des charbons ardens, la flamme qui fuccède à la déflagration eft du plus beau vert.

Soufre.

Le soufre est un sel neutre, inflammable, composé d'acide vitriolique & de phlogistique; il se fond aisément au feu & y perd sa couleur jaune pour en prendre une rougeâtre; en refroidissant il cristallise & conserve une couleur grisâtre.

Aussi-tôt que le soufre a éprouvé assez de chaleur pour se fondre, il s'exhale en vapeurs jaunes, qui, après avoir été condensées, portent le nom de *fleurs de soufre*; sa couleur citrine ne s'altère point à l'air, parce que le soufre n'est pas soluble dans l'eau, & qu'il n'y a que les acides concentrés qui aient la propriété de le décomposer.

Le soufre produit, en brûlant, une flamme bleue & un acide volatil très-pénétrant, connu sous le nom *d'acide sulfureux*; cet acide, étendu d'eau, repasse à l'état d'acide vitriolique.

PREMIÈRE ESPÈCE.

Fleurs de soufre.

Soufre très-divisé, d'une couleur citrine, lequel se trouve dans les eaux thermales où il paroît avoir été déposé par la décomposition, soit des pyrites, soit du foie de soufre terreux que ces eaux contiennent; ce foie de soufre

terreux ſe forme par l'altération ſpontanée de
la ſélénite *(o)* au moyen de la chaleur. Nous
voyons l'eau ſéléniteuſe ſe putréfier par un temps
chaud, ſur-tout lorſqu'elle eſt contenue dans
des vaſes durant les mois de juin & de juillet;
j'ai démontré qu'une telle eau contenoit un
foie de ſoufre terreux auquel ſon odeur étoit
dûe, comme on peut le voir dans mon Analyſe
des Blés, *page 107 & ſuiv.*

DEUXIÈME ESPÈCE.

Fleurs de ſoufre dans l'intérieur des cailloux.

On trouve dans les environs de Poligny en
Franche-comté, des cailloux dont l'intérieur eſt
rempli de fleurs de ſoufre citrines.

Le quartz étant un ſel neutre compoſé d'acide
vitriolique *(p)* & d'alkali fixe, il n'eſt pas ſur-

(o) Les eaux d'Aix-la-Chapelle, à la ſurface deſquelles
ſe trouvent les fleurs de ſoufre, incruſtent de ſélénite leurs
aquéducs & les parois de leurs réſervoirs; ces mêmes eaux
tiennent auſſi en diſſolution du ſoie de ſoufre terreux.

(p) *A terrâ calcareâ in aquâ marinâ preſente acido vitrioli
ſolutâ, naſcitur quartzum.* FUCSHEL in Act. Mog. T. II.

*A terrâ calcareâ & acido vitriolico originem quartzi deducit
Vogel,* dit Wallerius dans la nouvelle édit. du Min. Syſt.

*Quartzum non rarò ſalinum quid alcalinæ indolis & calcem
ſuo ſinu fovet.* Scopoli Princip. Miner. 1772, où l'on cite
Hierne Tent. IV. de Sale Volatil, Regn. miner. *pag. 100;*

prenant que le silex, lequel ne diffère du quartz que par une portion de matière grasse qu'il contient, renferme quelquefois du soufre dans son intérieur ; la décomposition spontanée des sels vitrioliques, au moyen du phlogistique & de l'eau, est en effet suffisante pour produire du soufre.

TROISIÈME ESPÈCE.

Soufre cristallisé.

On trouve à Conilla, à quatre lieues de Cadiz, des géodes de spath calcaires parsemées de soufre citrin, transparent, sous la forme de cristaux octahèdres, quelquefois tronqués à leur extrémité.

J'ai dans mon Cabinet, de ces cristaux de soufre octahèdres d'Espagne, qui ont deux pouces de longueur.

On rencontre souvent aussi des cristaux de soufre octahèdres dans le soufre doré, natif d'antimoine, de Toscane.

QUATRIÈME ESPÈCE.

Soufre gris & opaque.

C'est un mélange naturel de soufre & d'argile, qui ressemble au soufre vif du commerce ; il y en a de cette espèce dans les soufrières de Suisse, d'Espagne & particulièrement dans celles de Cadiz : pour en extraire le soufre, on a recours à la distillation.

Le soufre se trouve, dans les mines, uni à la plupart des substances métalliques, quoiqu'en différentes proportions ; cette union n'a souvent lieu qu'au moyen d'un intermède, comme dans la galène & la blende, où la terre absorbante est le *medium* d'union du soufre avec le métal ; dans ce cas le minéralisateur *(q)* n'est pas du soufre pur, mais un véritable foie de soufre.

Les acides ont la propriété de décomposer le soufre.

Lorsqu'on distille une partie de soufre avec quarante-huit parties d'huile de vitriol, il passe de l'acide sulfureux, & le soufre est entièrement décomposé ; mais si l'on n'emploie que seize parties d'huile de vitriol contre une de soufre,

---

(q) J'appelle *minéralisateur* toute substance saline, arsenicale, sulfureuse, &c. qui, unie par la Nature avec un métal quelconque, le prive plus ou moins de ses propriétés métalliques & constitue les différens mixtes appelés proprement *mines* ou *minerais*. L'objet de la métallurgie est de débarrasser le métal de ces substances étrangères qui le masquent ou le minéralisent.

Il n'y a que le tiers de ce soufre qui soit dé-composé.

L'acide nitreux & l'acide marin, distillés avec du soufre, ont aussi la propriété de le décom-poser.

La décomposition du soufre, par l'intermède du fer & de l'eau, est un des phénomènes les plus intéressans de la Physique souterraine, puisqu'il y a lieu de présumer que c'est par un moyen semblable que se produisent les inflam-mations spontanées des volcans.

Volcan artificiel, ou décomposition du soufre par l'intermède du fer & de l'eau.

Si l'on fait un mélange de parties égales de fleurs de soufre & de limaille de fer avec deux parties d'eau, il s'en dégage une odeur de foie de soufre décomposé, peu après l'eau est absorbée, le mélange s'échauffe, se boursouffle, crève & répand des vapeurs humides & très-chaudes, qui sont accompagnées d'une odeur de foie de soufre décomposé ; à ces vapeurs aqueuses en succèdent d'autres qui s'enflamment d'elles-mêmes, alors le mélange prend feu & répand de l'acide sulfureux.

La chaleur considérable qui s'excite dans cette opération, est produite par l'union que contracte avec l'eau l'acide vitriolique concentré, l'une des parties constituantes du soufre ; devenu plus foible par cette union, il porte son action sur le fer & le dissout ; de-là le vitriol martial, qui bientôt se calcine par la chaleur résultante de la combustion du soufre.

Ce volcan réussit très-bien à petites doses ; je le prépare ordinairement avec demi-livre de limaille d'acier, autant de fleurs de soufre & quatorze onces d'eau ; je mets, dans une assiette de terre vernissée, ce mélange, dont la surface, lorsque j'ai employé les proportions susdites, se trouve couverte d'environ deux lignes d'eau ; cette eau ne tarde pas à s'absorber sans que la chaleur soit d'abord bien considérable, mais elle s'accroît successivement au point de devenir assez forte pour enflammer le soufre.

L'inflammation de ce volcan artificiel ne peut avoir lieu sans le contact de l'air libre, & il produit son effet d'autant plus promptement que le courant d'air est plus considérable.

La terre pyriteuse de Beaurin, qui ne s'embrase pas dans l'intérieur de la terre, ne tarde point à le faire lorsqu'après avoir été mise en tas elle éprouve le contact de l'air ; c'est en travaillant à l'analyse de cette terre que je suis parvenu à déterminer la quantité d'eau nécessaire pour produire le volcan artificiel ; c'eſt moins de la grande quantité de matières que de la juſte proportion du mélange , que dépend la réuſſite de cette expérience.

Obſervations ſur les criſtalliſations artificielles du ſoufre & ſur les différentes eſpèces de foie de ſoufre.

On connoît , en Chimie , pluſieurs moyens de faire criſtalliſer le ſoufre ; le plus ſimple eſt , après l'avoir fait fondre , de le laiſſer refroidir lentement ; on remarque alors , à ſa ſurface & dans ſon intérieur , des criſtaux irréguliers qui repréſentent des priſmes croiſés en différens ſens , la couleur du ſoufre s'altère dans cette opération , comme je l'ai dit ci-deſſus ; mais pour obtenir le ſoufre criſtalliſé régulièrement, & dont la couleur ne ſoit point altérée , il faut le faire fondre dans de l'huile eſſentielle de térébenthine ; cette huile prend, dans cette opération, une couleur rouge-brune , perd ſon odeur & même de ſa fluidité ; pendant le refroidiſſement du matras , le ſoufre qui n'a pas été décompoſé ſe dépoſe dans le fond où il criſtalliſe en lames triangulaires , iſoſcèles , très-alongées & très-aïguës , leſquelles ont quelquefois dix ou onze

lignes de longueur fur une ligne au plus de
largeur vers leur bafe.

Comme l'huile effentielle de térébenthine,
qui fert à faire criftallifer le foufre, en décompofe une partie, c'eft à l'acide vitriolique très-
concentré, produit par cette décompofition
du foufre, que font dûs le changement de
couleur, l'épaiffiffement & l'odeur altérée des
huiles effentielles employées dans cette expérience ; d'un autre côté le phlogiftique du foufre
eft enlevé par de l'acide phofphorique, dû à
une portion de l'huile effentielle décompofée
par la chaleur ; de l'union de cet acide de
l'huile avec le phlogiftique du foufre, réfulte
une efpèce de phofphore volatil & prefque
incoërcible.

Je me fuis affuré, en répétant d'après
Homberg, la diftillation du baume de foufre,
que cette préparation ne contenoit pas du foufre,
ainfi que ce Chimifte l'avoit reconnu ; je n'ai
retiré, de cette diftillation, que de l'huile un
peu colorée & de l'acide fulfureux, fans qu'il
fe foit fublimé de foufre ; il ne reftoit au fond
de la cornue qu'un charbon léger & poreux.

Je crois qu'il eft à propos de faire connoître
ici diverfes efpèces de foie de foufre qui fe
rencontrent dans la plupart des mixtes, mais

qui varient par leur bafe, ils m'ont paru conf-
tituer huit efpèces bien diftinctes :

SAVOIR,

Le foie de foufre proprement dit.
Le foie de foufre cauftique.
Le foie de foufre volatil.
La liqueur fumante de Boyle.
Le foie de foufre calcaire.
Le foie de foufre à bafe de terre abforbante.
Le foie de foufre animal.
Et le foie de foufre métallique.

PREMIÈRE ESPÈCE.

Foie de foufre.

Ayant fondu, dans un creufet, deux onces
de fleurs de foufre, j'y ai verfé peu-à-peu deux
onces d'alkali fixe du tartre; le mixte falin
volatil qui s'eft dégagé durant l'effervefcence,
avoit une odeur à-peu-près femblable à celle
du camphre; j'ai remué le mélange avec un
tube d'émail jufqu'à la fin de l'effervefcence;
alors le foie de foufre eft devenu fluide; je l'ai
verfé fur un porphire où il a pris une couleur
rouge femblable à celle du foie des animaux;
en fe refroidiffant, le foie de foufre devient
jaunâtre; fi on le laiffe plus long-temps expofé
à l'air, il en attire l'humidité & fe réfout en

liqueur rougeâtre, qni est une dissolution de foie de soufre ; un plus long séjour à l'air libre décompose cette solution de foie de soufre, effet produit par l'acide répandu dans l'atmosphère.

Le foie de soufre dissout dans l'eau se décompose beaucoup plus promptement à l'air libre que le foie de soufre tombé en *deliquium*. La première de ces solutions y perd sa couleur, & après son entière décomposition, on trouve au fond du vase le soufre sous la forme d'une poudre grisâtre ; en faisant évaporer la liqueur limpide qui surnage, on obtient du tartre vitriolé & du sel marin.

Durant le temps que ce foie de soufre se décompose, il s'en dégage une odeur fétide que j'ai cherché à connoître ; pour y parvenir, j'ai mis dans une cucurbite de verre une dissolution de deux gros de foie de soufre, & après y avoir versé assez d'acide vitriolique pour la décomposer, j'ai recouvert le tout d'un chapiteau aveugle où j'avois mis de la teinture de violettes étendue d'eau, cette teinture n'ayant éprouvé aucune altération dans sa couleur, on est fondé à croire qu'il n'y a ni acide ni alkali volatil de développé dans cette odeur du foie de soufre qui se décompose.

Cette vapeur, très-fétide, qui se dégage avec une vive effervescence lorsqu'on verse de l'acide vitriolique sur une dissolution de foie de soufre, n'est point inflammable, présentée à l'orifice d'un flacon d'acide nitreux non fumant, elle n'en attire point de vapeurs, ce qui n'auroit pas manqué d'arriver si l'alkali volatil étoit le principe de cette odeur.

Cette vapeur n'est, suivant moi, qu'un *hepar* volatil, très-subtil, qui a la propriété d'altérer la couleur de presque toutes les substances métalliques ; il noircit presque instantanément l'argent & l'or, tandis que le soufre seul, l'alkali volatil ou le phlogistique seuls ne peuvent causer la moindre altération dans la couleur de ce dernier métal.

Une dissolution de sel de Saturne, exposée dans un chapiteau de verre à la vapeur du foie de soufre décomposé, a noirci sur le champ ; ayant détaché la matière noire qui adhéroit aux parois du chapiteau, j'ai reconnu, après l'avoir lavée, desséchée, & ensuite torréfiée, qu'elle contenoit du soufre & du plomb, ce qui prouve que c'est un foie de soufre volatil qui se dégage lorsqu'on décompose *le foie de soufre* par un acide.

DEUXIÈME ESPÈCE.

Foie de soufre caustique.

Meyer, dans sa Dissertation sur la Chaux, *chap. XIV*, rapporte que le foie de soufre, préparé avec la lessive caustique, & décomposé ensuite par l'acide vitriolique, produit des vapeurs inflammables.

Pour préparer ce foie de soufre, j'ai fondu dans un creuset, une once de soufre, j'y ai ajouté une once de pierre à cautère, & après une vive effervescence, j'ai obtenu un foie de soufre brun ; durant la combinaison, il s'est dégagé une odeur propre à cette espèce de foie de soufre.

Le foie de soufre caustique, étant dissout dans deux parties d'eau distillée, a une couleur brune ; si l'on verse, dans cette dissolution, de l'acide vitriolique concentré, il s'en dégage des vapeurs semblables, pour l'odeur, à celles du phosphore ; lorsqu'on décompose ce foie de soufre dans un matras, si l'on présente la flamme d'une bougie à l'orifice du matras, la vapeur prend feu & produit une flamme bleue & verte ; en faisant cette opération la nuit ou dans un lieu obscur, les couleurs de la flamme deviennent très-sensibles ; cette flamme est

inodore

Inodore & a beaucoup de rapport avec celle que produisent le zinc ou le fer attaqués par l'acide vitriolique.

J'ai laissé ce foie de soufre caustique exposé à l'air, il s'y est décomposé & a répandu une odeur fétide semblable à celle de la matière fécale ; cette émanation qui noircit l'argent & l'or, & altère les autres substances métalliques, est un vrai foie de soufre volatil.

TROISIÈME ESPÈCE.

Foie de soufre volatil.

On ne peut parvenir à combiner ensemble le soufre & l'alkali volatil, en versant ce dernier sur du soufre en fusion, car l'alkali volatil se dissipe trop facilement ; mais si l'on distille, dans une cornue de verre lutée, parties égales de sel ammoniac & d'alkali fixe avec une demi-partie de fleurs de soufre, il passe d'abord de l'alkali volatil & ensuite du foie de soufre volatil concret, d'un rouge foncé qui tapisse les parois du récipient ; les vaisseaux étant délutés, il s'en dégage des vapeurs blanches, & le récipient conserve une forte odeur de foie de soufre décomposé. J'ai dissous, dans de l'eau distillée, le foie de soufre volatil concret que j'avois

obtenu, il a pris une couleur jaune tirant sur
le rouge, semblable à celle de safran ; il y
avoit, dans le col de la cornue, un peu de
soufre ; quant au résidu de la distillation, il
étoit gris & ne contenoit que du sel fébrifuge
de Silvius.

Boërhave rapporte, dans sa Chimie, que
par la distillation & la cohobation de l'alkali
volatil avec le soufre, on parvient à dissoudre
ce dernier & à en retirer une teinture de couleur d'or *(r)*.

Ayant exposé à l'air une dissolution de foie
de soufre volatil, il s'est formé, à la surface,
une pellicule jaune qui étoit du soufre. Durant
ce temps il se dégage une odeur très-fétide,
& la dissolution se trouble à mesure que le foie
de soufre volatil se décompose ; lorsqu'il l'est
totalement, elle devient limpide & sans odeur.
Cette liqueur, décantée pour en séparer le
soufre, & mise ensuite à évaporer, a fourni
du sel ammoniac & du sel marin. L'acide marin

(r) Sulphuris solutio in alkali volatili. (Apparatus).

*Flori sulphuris purissimo commiscetur spiritus alkalinus ex sale
ammoniaco, ex urinâ, ex cornu cervi, sanguine vel quocumque
simili, dein distillatio fit & cohobatio, sulphur ita solvitur ;
si autem in vase clauso detinentur diu sæpeque conquassantur
simul & ita tandem auream tincturam elicimus.*

Boërhav. Operat. Chimicar. p. III, *p. 271*, proc. CLIII.

qui se trouve dans ces sels paroît être dû à la
modification, soit de l'acide répandu dans l'air,
soit d'une partie de l'acide même du soufre,
par l'union qu'il contracte avec le phlogistique
ou principe odorant de l'alkali volatil qui s'est
décomposé pendant cette expérience.

QUATRIÈME ESPÈCE.
Liqueur fumante de Boyle.

L'alkali volatil, dégagé du sel ammoniac
par la chaux, est également propre à produire
un foie de soufre volatil, lequel est connu sous
le nom de *liqueur fumante de Boyle.* Voici la
manière de la préparer.

Si l'on distille, au fourneau de reverbère,
un mélange de trois parties de chaux éteinte,
d'une partie de sel ammoniac & d'une demi-
partie de soufre, il passe d'abord de l'alkali
volatil concret, puis du foie de soufre volatil
dont la couleur est semblable à la teinture de
safran : j'avois adapté à la cornue un fuseau &
un récipient, le fuseau se trouva tapissé d'alkali
volatil concret, le récipient contenoit du foie
de soufre fluide.

Ce qui restoit dans la cornue étoit bleuâtre
& avoit une forte odeur de foie de soufre décomposé ; y ayant ajouté de l'eau, le mélange

s'est échauffé; après l'avoir filtré, j'y ai versé
de l'acide nitreux, il s'est précipité du soufre;
le reste, mis à évaporer, a fourni du nitre à
base de terre abforbante.

Ce foie de foufre volatil, nommé par Boyle,
liqueur fumante, parce qu'en délutant les vaiffeaux il s'en dégage des vapeurs blanches, ne
diffère du précédent que par son odeur & fa
fluidité; il eft, ainfi que lui, compofé d'alkali
volatil & de foufre, mais ce qui lui donne un
caractère particulier, c'eft l'efpèce de foie de
foufre phofphorique qu'il contient, lequel eft
formé par du phofphore & de l'alkali volatil;
ce phofphore réfulte de l'union qu'a contractée
l'acide phofphorique de la chaux avec le phlogiftique du foufre. La preuve que l'acide qui
entroit comme partie conftituante de la chaux
en a été féparé, c'eft que l'alkali volatil, qu'on
obtient alors, eft fous forme concrète & fait
effervefcence avec les acides; lorfqu'au contraire
la chaux n'a point été décompofée, l'acide
qu'elle contient, s'uniffant à l'alkali volatil,
forme un fel neutre ammoniacal auquel on a
donné le nom d'*alkali volatil cauftique* ou *fluor*,
cette dernière épithète lui convient, parce qu'il
ne peut être mis fous forme folide.

L'alkali volatil *fluor* ne fait point d'effervefcence

avec les acides *(f)*, par la raison qu'il est déjà combiné avec l'acide phosphorique ; cependant lorsqu'on verse un acide sur l'alkali volatil caustique, l'acide phosphorique qu'il contient venant à s'unir au phlogistique de ce même acide, passe à l'état d'acide phosphorique volatil & se dissipe sous la forme de vapeurs blanches ; le sel ammoniac qui résulte de cette combinaison, a pour base l'alkali volatil & cristallise.

CINQUIÈME ESPÈCE.

Foie de soufre calcaire.

Je n'ai pu parvenir à unir, sans intermède, le soufre avec la terre calcaire : un mélange de deux parties de chaux vive & d'une de fleurs de soufre, tenu en digestion avec de l'eau, ne m'a point produit de foie de soufre ; je n'ai pas mieux réussi en mettant de la chaux vive en poudre avec du soufre en fusion. Mais si l'on mêle une partie d'orpin avec trois parties de chaux vive, & que l'on étende ce mélange d'assez d'eau distillée pour qu'il soit en bouillie, alors il devient bleu & il se forme un vrai foie de soufre qui tient en dissolution de l'arsenic ;

(f) L'odeur de cet alkali est très-pénétrante , il verdit la teinture bleue des végétaux.

ce foie de foufre arfénical fe décompofe aifément, même dans les vaiffeaux fermés, au
fond defquels on trouve alors des criftaux
d'arfenic blancs & tranfparens en petites aiguilles
très-minces.

SIXIÈME ESPÈCE.

Foie de foufre à bafe de terre abforbante.

On trouve du foie de foufre à bafe de terre
abforbante dans la blende & la galène, dans
les eaux thermales & dans l'eau putréfiée ; on
en produit d'artificiel quand on calcine le gypfe,
comme le prouve l'odeur forte de foie de foufre
décompofé qui s'en dégage lorfqu'on le gache
avec de l'eau ; c'eft cette émanation dangereufe
qui caufe les accidens qui arrivent à ceux qui
habitent trop tôt les bâtimens nouvellement
enduits de plâtre.

Les fpaths féléniteux ont la propriété de devenir phofphoriques par la calcination ; il fe
forme alors un foie de foufre, dont une partie
fe décompofe lorfqu'on expofe à l'air les petites
rotules faites avec ces pierres calcinées ; fi on
les tranfporte dans l'obfcurité, après les avoir
expofées au jour, il en émane de la lumière,
& il s'en dégage en même-temps une odeur

de foie de foufre décompofé ; ce même phofphore , *dit de Bologne* , expofé à la lumière
d'une bougie , n'y acquiert point la propriété
de luire dans l'obfcurité.

M. Canton a indiqué le moyen de faire un
phofphore dont les propriétés font femblables
à celles de la pierre de Bologne calcinée ; il
ne s'agit que de mêler trois parties d'écailles
d'huître calcinées avec une de foufre , & de
mettre le tout dans un creufet où on le tient
pendant une heure à un feu propre à le faire
rougir.

J'ai reconnu , en analyfant l'eau putréfiée ,
qu'il fe formoit du foie de foufre par la voie
humide ; en effet , l'eau putréfiée contient un
foie de foufre terreux qui s'eft formé par la décompofition de la félénite ; de l'union de l'acide
vitriolique de cette félénite avec une matière inflammable , il réfulte du foufre , lequel fe combinant avec la terre abforbante de la félénite , forme
un foie de foufre terreux. Il n'y a que l'eau
féléniteufe qui puiffe paffer à la putréfaction ,
l'eau diftillée n'en eft pas fufceptible : la chaleur étant plus confidérable dans les mois de
juillet & d'août que dans les autres temps de
l'année , l'eau fe putréfie alors plus promptement.

D iv

Septième espèce.

Foie de soufre animal.

Il ne faut pas confondre ce foie de soufre avec les autres espèces dont je viens de parler ; le foie de soufre des matières stercorales est formé de phosphore combiné avec l'alkali volatil. Dans certains testacés, tels que l'huître, on trouve de ce foie de soufre phosphorique fluide sous une petite lame de l'écaille concave ; lorsqu'on rompt cette lame il s'en dégage une odeur très-fétide.

Huitième espèce.

Foie de soufre métallique.

Le foie de soufre volatil métallique, qui se forme lorsqu'on triture du soufre avec du mercure ou du fer, me paroît encore différer du foie de soufre animal.

On trouve aussi un foie de soufre phosphorique, d'une nature singulière, dans la *pierre porc* & dans le *lapis*, on le dégage de ces pierres par le frottement ou la collision.

Tartre vitriolé (t).

L'alkali fixe du tartre faturé d'acide vitriolique, forme un fel neutre, connu fous les
noms de Tartre vitriolé, d'*arcanum duplicatum*,
de Sel *de duobus*, de Sel polychrefte de *Glafer*,
&c.

Les différentes formes qu'on obferve dans
les criftaux du tartre vitriolé, dépendent ou de
la rapidité plus ou moins grande de l'évaporation ou de la proportion relative des parties
falines tenues en diffolution, car lorfqu'il s'y
trouve un excès d'acide ou d'alkali, la forme
des criftaux varie.

La criftallifation régulière du tartre vitriolé
eft un prifme à fix pans, terminé par deux
pyramides hexahèdres, dont les plans font
triangulaires; le prifme manque quelquefois,
alors le criftal paroît compofé de deux pyramides hexahèdres appofées bafe à bafe.

Les criftaux de tartre vitriolé qui fe font
formés lentement, & dont le rapprochement
des parties élémentaires a été retardé par l'eau-
mère, font ordinairement réguliers & affez
confidérables, mais quelquefois colorés en jaune.

____

(*t*) Ce fel ne me paroît différer du criftal de roche
qu'en ce qu'il eft foluble dans l'eau.

J'ai trouvé dans l'eau-mère d'une diſſolution de tartre vitriolé , que j'avois abandonnée à une évaporation inſenſible , de beaux criſtaux de ce ſel en parallélipipèdes , quelques-uns renfermoient des gouttes d'eau dont le mouvement étoit rendu ſenſible par le globule d'air qui les accompagnoit.

S'il ſe rencontre un excès d'acide dans la diſſolution du tartre vitriolé , les criſtaux qu'elle fournit alors ſont des priſmes capillaires , longs & aigus. La criſtalliſation de ce ſel , & la plupart de ſes variétés ſont très-bien décrites dans l'Eſſai de Criſtallographie de M. Deliſle , *page 53.*

Le tartre vitriolé ne s'altère point à l'air ; ce ſel exige beaucoup d'eau pour ſa diſſolution ; outre l'acide & l'alkali, il contient encore une matière graſſe & l'eau de criſtalliſation.

Lorſqu'on expoſe au feu des criſtaux de tartre vitriolé, ils décrépitent & ſe briſent ; cet effet eſt produit par l'eau de la criſtalliſation, qui étant dilatée par la chaleur , fait effort ſur les molécules ſalines & les écarte.

On reconnoît la préſence d'une matière graſſe dans le tartre vitriolé en diſtillant de l'huile de vitriol avec ce ſel réduit en poudre , car il paſſe alors de l'acide ſulfureux ; le réſidu de cette opération eſt blanc , demi-tranſparent, très-acide, & effleurit à l'air ; c'est ce même sel, avec excès d'acide, qu'on emploie pour préparer ce qu'on nomme *limonade sèche.*

Si l'on met en digestion du tartre vitriolé en poudre avec de l'huile de vitriol, ce mélange noircit, parce qu'alors l'acide vitriolique agit sur la matière grasse du tartre vitriolé & la convertit presque en charbon.

Sel de Glauber.

L'acide vitriolique combiné avec l'alkali minéral, forme le sel de Glauber, qui, dans un air sec, perd l'eau de sa cristallisation & se convertit en une poussière saline blanche, douée des mêmes propriétés que le sel cristallisé ; mais comme dans cet état le sel de Glauber est privé de l'eau de sa cristallisation, qui faisoit près de la moitié de son poids, il ne faut l'employer intérieurement qu'à une dose moitié moins forte que dans l'état cristallisé.

« Le sel de Glauber cristallise tantôt en prismes tétrahèdres, aplatis, striés, terminés par deux « pyramides à quatre pans ; tantôt c'est un « prisme oblong, hexahèdre, inégal, ayant « deux faces opposées plus larges que les autres, « qui sont en biseau, les deux sommets dihèdres « placés en sens contraire ; les plans des deux «

» faces les plus larges font des pentagones
» alongés, les quatre autres font rhomboïdes ;
« deux pentagones courts à l'un des fommets
» alternes avec deux trapèzes de l'autre fommet ». M. Delifle, Crift. *page 55, n. 37,
pl. III, fig. 2.*

Le fel de Glauber, diffous dans beaucoup
d'eau, m'a donné des criftaux parallélipipèdes
fort minces.

Le fel de Glauber qu'on rencontre dans certaines eaux minérales ne diffère point de celui
qu'on prépare artificiellement. Lorfqu'il eft en
petits criftaux irréguliers, on le nomme improprement *fel d'Epfom.*

J'ai trouvé du fel de Glauber en efflorefcence fur la première couche des tourbes
vitrioliques de Beauvais.

Ayant fait l'analyfe d'une efflorefcence que
j'avois ramaffée à Dieppe fur les murs de la
manufacture de Tabac, j'ai reconnu que c'étoit
un vrai fel de Glauber.

Sel de Sedlitz.

Dans ce fel, l'acide vitriolique a pour bafe
une terre femblable à celle qu'on trouve dans les
ftéatites & dans quelques efpèces de ferpentine ;

la nature de cette terre me paroît avoir les plus grands rapports avec celles du zinc.

Le sel de Sedlitz a une saveur piquante à peu-près comme le vitriol de zinc ; « ce sel cristallise en prismes oblongs , qua- « drangulaires, dont les plans opposés sont « égaux ; ces prismes sont terminés par deux « pyramides aussi quadrangulaires , les plans « de la pyramide , qui répondent aux côtés « larges du prisme , sont trapèzes , ceux qui « répondent aux côtés étroits sont triangulaires ». La forme de ce cristal est exactement celle du vitriol de zinc. *Voyez* l'Essai de Cristal. *page 6 7.*

Si l'on verse de l'alkali fixe dans une dissolution de sel de Sedlitz , il se précipite une terre blanche , connue sous le nom de *magnésie angloise.*

J'ai distillé dans une cornue de verre , au fourneau de reverbère , une demi-once de cette terre avec trois parties de poudre de charbon ; j'ai tenu la cornue rouge pendant trois heures ; les vaisseaux refroidis , j'ai cassé la cornue , j'ai trouvé sur la poudre de charbon de petits globules gris que je regarde comme du zinc.

La terre précipitée du sel de Sedlitz , par

l'alkali fixe, se dissout avec effervescence dans l'acide nitreux, & produit un sel très-déliquescent, d'une saveur fort piquante ; ce sel m'a paru semblable à celui qui résulte de la combinaison de l'acide nitreux avec la chaux de zinc.

Le véritable sel d'Epsom est semblable à celui de Sedlitz ; l'un & l'autre ont pour base la même terre, laquelle constitue la manganaise *ou Savon des verriers*, qui est une mine de zinc.

Le zinc étant après le fer la substance métallique la plus abondante dans la Nature, puisque toutes les pyrites en contiennent près de quinze livres par quintal, il n'est pas étonnant de trouver presque par-tout la terre de ce demi-métal, laquelle est soluble avec effervescence dans les acides.

Sel ammoniac vitriolique.

Ce sel neutre résulte de la combinaison de l'acide vitriolique avec l'alkali volatil ; on l'a aussi nommé *sel ammoniac secret de Glauber.*

Le sel ammoniac vitriolique cristallise en prismes à six pans comprimés, terminés par des pyramides hexahèdres obtuses ; en prismes à six pans comprimés, terminés par deux sommets dihèdres à plans pentagones ; dans quelques-uns, ces sommets sont tétrahèdres à

plans trapèzes : *Tabl. Crist. n.*ᵒˢ *38 & 39.* Il
décrépite sur les charbons ardens ; dès qu'on
l'expose au feu dans un creuset, l'alkali volatil
s'en dégage, & une portion de l'acide vitriolique reste au fond du creuset.

Si l'on distille de ce sel ammoniac dans une
cornue de verre, il se décompose presque en
entier, & l'on trouve dans le récipient de l'acide
sulfureux. L'acide vitriolique qui se dégage
dans cette opération, s'altère en s'unissant au
principe inflammable de la matière grasse contenue dans l'alkali volatil.

Le sel ammoniac vitriolique se rencontre dans
les éruptions de la Solfatare, mais il n'y est pas
pur, étant souvent mêlé de sel ammoniac marin
& de sel ammoniac sulfureux, colorés par du fer
& même parsemés de cristaux de réalgar, connus
sous le nom de *rubine d'arsenic.*

Alun.

Ce sel est composé d'acide vitriolique &
d'une terre qui se trouve aussi dans le kaolin *(u)*,

(u) Je désigne sous le nom de *kaolin* une espèce de terre
bolaire qui n'a point de ténacité & qui se divise sur la langue
comme de la crême ; le kaolin paroît produit par l'altération
de la serpentine.

dans la serpentine , l'ardoise, les basaltes *(x)*, le mica, l'argile, &c.

La terre qui sert de base à l'alun n'est pas vitrifiable par elle-même , ni par le moyen du verre de plomb ; elle ressemble en ce point à la terre absorbante.

Il y a une sorte de mica qui se convertit entièrement en alun, lorsqu'on le distille avec de l'huile de vitriol, tandis que d'autres mica ne sont point altérés par ce menstrue ; on peut conclure de-là que tout ce qu'on désigne sous le nom de *mica* n'est pas toujours de la même nature.

Pour déterminer si une terre ou pierre est propre à produire de l'alun, il ne faut que distiller une partie de nitre avec deux parties de cette terre ou de cette pierre, alors si l'acide nitreux est dégagé de sa base, c'est une preuve que la substance employée pourra donner de l'alun.

Pour faire de l'alun avec la terre propre à cette combinaison , il suffit de distiller une partie de cette terre alumineuse avec deux parties d'huile de vitriol ; il passe d'abord de

_____

(x) Tant ceux en prismes que ceux qu'on désigne sous le nom de *schorl.*

l'acide

l'acide fulfureux, puis de l'acide vitriolique ;
la maſſe qui reſte au fond de la cornue, après
avoir été leſſivée & filtrée, produit par l'évaporation, de l'alun quelquefois feuilleté, parce
qu'il eſt furchargé de ſa terre. L'argile étant
de toutes les terres alumineuſes celle qui produit
le moins d'alun, puiſqu'il n'y a qu'environ les
trois huitièmes de cette terre qui puiſſent être
convertis en alun ; il me ſemble que c'eſt mal
définir ce ſel que de le dire compoſé d'acide
vitriolique & de terre argileuſe.

On trouve quelquefois de l'alun à la ſurface
des tas de charbon de terre qu'on a laiſſés
ſéjourner un certain temps ſous les hangars où
on les dépoſe.

On en retire auſſi par la leſſive des pyrites
martiales tombées en effloreſcence, & c'eſt
vraiſemblablement à la même cauſe qu'eſt dû
celui qui ſe rencontre ſur les charbons de terre
dont je viens de parler.

On a improprement donné le nom d'*alun
de plume* au vitriol martial capillaire blanc &
ſoyeux qu'on trouve dans les cavités des mines ;
mais il eſt aiſé de diſtinguer ce ſel de l'alun,
tant par ſa ſaveur que par ſes autres propriétés ;
il ſuffit par exemple de le calciner pour obtenir
une maſſe rouge & compacte, qui eſt un vrai

colchotar, tandis que l'alun ne produit par la calcination, qu'une maſſe blanche, opaque & poreuſe.

On vend, dans le Commerce, deux ſortes d'alun, ſous les noms d'*alun de roche* & d'*alun de Rome* ; le premier qui eſt tranſparent comme le criſtal de roche, nous parvient en maſſes conſidérables *(y)* ; l'alun de Rome eſt en petits morceaux couverts d'une effloreſcence rougeâtre.

On le prépare à *Civita-Vecchia* avec une pierre blanche & compacte, de la nature du ſchiſte ; après avoir torréfié cette pierre, on l'expoſe à l'air ; on l'arroſe de temps en temps, & par ce moyen on accélère l'aluminiſation ; on leſſive enſuite cette pierre effleurie & réduite en terre, & par l'évaporation on en obtient l'alun.

Ce ſel expoſé à l'air, perd de l'eau de ſa criſtalliſation, ſe ternit & reſte couvert d'une pouſſière farineuſe ; il peut être auſſi privé de l'eau de ſa criſtalliſation par la calcination, ſans être pour cela décompoſé ; mais il perd dans cette opération près de la moitié de ſon poids.

(y) Pour former ces maſſes ou *pains* d'alun, après avoir liquéfié les criſtaux de ce ſel dans une chaudière de fer, on le laiſſe refroidir & prendre en maſſes.

L'acide vitriolique adhère tellement à la terre
de l'alun qu'on ne peut en extraire cet acide
par la distillation ; c'est aussi la raison pour
laquelle on préfère l'alun aux autres sels vitrioliques pour préparer le pyrophore d'Homberg.

L'alun cristallise quelquefois en cubes, mais sa
forme la plus ordinaire est l'octahèdre ; souvent
les sommets des deux pyramides sont tronqués.

« Il arrive quelquefois que les octahèdres
de l'alun ne font, comme l'observe M. Bour- «
guet, que des carcasses d'octahèdres, c'est- «
à-dire qu'il n'y a presque que les côtés qui «
se soient élevés en pyramides, leurs plans «
n'étant qu'un peu ébauchés ». *Lettres Philoso-*
phiques sur la formation des sels & des cristaux,
page 55. « Il arrive aussi, dans les cristallisations en grand que l'on fait de ce sel, que «
les octahèdres se confondent & s'implantent «
les uns sur les autres, de manière qu'il en «
résulte des prismes quadrangulaires articulés, «
où la forme primitive des cristaux est souvent «
très-reconnoissable ». M. Delisle, Cristallographie, *page 60.*

La cristallisation la plus fréquente de l'alun,
après l'octahèdre, est une pyramide triangulaire
dont les quatre angles solides sont tronqués,
ce qui donne quatre plans hexagones larges

& quatre plans triangulaires étroits. *Cristallogr. ibid. var. 4.*

L'alun est encore susceptible de plusieurs autres formes, comme on peut le voir dans la Cristallographie.

Si l'on surcharge l'alun de sa terre, en la faisant bouillir avec une dissolution de ce sel, & qu'après avoir filtré cette nouvelle lessive on la rapproche par l'évaporation, on obtient un sel feuilleté, opaque, que M. Baumé prétend être une véritable argile.

L'acide nitreux dissout avec effervescence la terre de l'alun & forme avec elle un sel semblable à celui que produit le même acide combiné avec la terre absorbante. Ce nitre terreux ne fuse point sur les charbons ardens & n'est point déliquescent.

Quelques Chimistes ont avancé que la terre de l'alun étoit vitrifiable & de la nature du quartz ; ils ont cru démontrer ce qu'ils avançoient, parce que la terre séparée du *liquor silicum*, par l'acide vitriolique, a les propriétés de la terre de l'alun, ce qui est très-vrai ; mais cette terre, de même que celle de l'alun, n'a pas la propriété de se vitrifier lorsqu'on la fond avec du minium ; ces Chimistes n'ont pas fait attention que durant la fusion des cailloux, avec trois parties d'alkali fixe, le quartz se décomposoit & qu'il étoit reporté presque à l'état de terre absorbante ; c'est ce qu'avoit très-bien vu M. Pott, qui dit, dans sa Lithogéognosie *(z)*, que la terre précipitée du *liquor silicum*, de vitrifiable & d'insoluble qu'elle étoit auparavant par les acides, est devenue alkaline, puisqu'elle se dissout dans les acides.

Sel ammoniac sulfureux.

Ce sel est composé d'acide sulfureux & d'alkali volatil ; j'en ai trouvé dans une éruption de la Solfatare, parsemée de petits cristaux de réalgar, connus sous le nom de *rubine d'arsenic*.

Le sel ammoniac sulfureux exposé à l'air sec y effleurit, mais s'il se trouve dans un lieu humide, il y tombe en partie en *deliquium*.

Ce sel, dans l'éruption de la Solfatare où il se rencontre, est accompagné de sel ammoniac ordinaire, de sel ammoniac secret de Glauber, & quelquefois de vitriol martial.

On peut s'assurer de la nature de ces différens sels en versant de l'acide vitriolique sur l'éruption saline dont je parle, car l'acide sulfureux se dégage d'abord & l'acide marin du sel ammoniac

---

(z) Lithogéogn. trad. franc. part. I, *page 174.*

E iij

ne tarde pas à le fuivre. Par la quantité d'acide vitriolique employée , & par celle du fel ammoniac vitriolique obtenu par la criftallifation , on peut déterminer avec affez d'exactitude , la quantité de fel ammoniac vitriolique exiftante dans ce produit de la Solfatare ; quant au vitriol martial qu'on y trouve quelquefois , on en détermine la préfence en diffolvant dans de l'eau cette maffe faline de la Solfatare , dont la leffive filtrée fournit , par l'évaporation , de petits criftaux de vitriol martial , facile à reconnoître par fa couleur , fa faveur & fes autres propriétés.

Il eft plus aifé de déterminer la nature des différentes efpèces de fel ammoniac qui fe rencontrent dans l'éruption faline de la Solfatare , que d'expliquer leur origine ; je me contenterai d'obferver ici qu'on retire de l'alkali volatil par la diftillation du fchifte , & qu'on trouve du fel ammoniac fulfureux en efflorefcence à la furface des pots de terre qui fervent de récipient pour la diftillation du cinabre du Palatinat. J'ai déjà dit que dans la décompofition & l'inflammation fpontanées des pyrites martiales , de même que dans celles d'un mélange de parties égales de fleurs de foufre & de limaille de fer par l'intermède d'une fuffifante quantité d'eau , il se dégageoit une odeur fétide de foie de soufre, lequel a pour base l'alkali volatil comme toutes les autres espèces de foie de soufre volatil.

Nitre ou Salpêtre.

Le nitre, composé d'acide nitreux & d'alkali fixe, est un sel neutre qui se forme naturellement par la décomposition des sels vitrioliques à base terreuse ; cette altération s'opère par l'intermède des matières qui passent à la putréfaction *(a)* ; ce sont elles qui fournissent l'alkali fixe qu'on trouve servir de base au salpêtre, & c'est le principe de l'odeur qui en émane, joint à une certaine quantité de matière grasse, qui modifie l'acide vitriolique.

Il y a dans l'Inde des nitrières naturelles qui fournissent la plus grande partie du salpêtre dont on fait usage en Europe ; Guillaume Bowles dit, dans son Histoire Naturelle de l'Espagne, qu'il y a du salpêtre contenu dans près d'un tiers des terres incultes des Provinces orientales & méridionales de ce Royaume ; il suffit, pour obtenir ce sel, de labourer deux

---

(a) Les émanations odorantes qui se dégagent durant la putréfaction, contiennent un foie de soufre phosphorique à base d'alkali volatil qui se décompose & qui y produit, en se décomposant, de l'alkali fixe.

E iv

ou trois fois en hiver & au printemps les champs qui sont près des villages ; au mois d'août on ramasse la terre labourée pour en former des monceaux de vingt-cinq à trente pieds de hauteur.

Lorsqu'on veut en extraire le salpêtre, on dispose une rangée de grands pots de terre, de figure conique & troués par le fond ; avant de les remplir de terre nitreuse, on couvre ces trous avec un peu de *sparto*, *(gramen spicatum quod spartum Plinii*, T. inst.*)* sur lequel on met deux ou trois pouces de cendre ; on procède ensuite à la lessive & à l'évaporation ; durant ce temps, la quantité de sel qui se précipite est dans la proportion de vingt & quelquefois de quarante livres par quintal de terre nitreuse. Cette terre, séparée, par la lessive, des sels qu'elle contient, & ensuite exposée à l'air libre, se recharge de salpêtre dans le cours d'une année ; M. Bowles ajoute que les mêmes terres fournissent chaque année la même quantité de salpêtre depuis un temps immémorial. Cet Observateur demandant un jour à un salpêtrier d'Espagne, comment se faisoit la génération du salpêtre dans ses terres ; celui-ci lui répondit : « Je possède un champ, » je sème dans une partie du froment qui y vient très-bien, & l'autre me fournit du salpêtre ».

On prépare artificiellement du falpêtre dans les environs de Stockolm, en compofant des couches pyramidales avec du chaume, des cendres, de la chaux & de la terre des prés; on commence par paver en briques le fol fur lequel on veut établir ces couches; on y met enfuite un lit de chaume de huit pouces de hauteur, puis un fecond lit compofé d'un mélange de terre, de cendre & de chaux fur lequel on en met un troifième de chaume, & l'on continue ainfi alternativement jufqu'à ce qu'on ait donné à la pyramide la hauteur qu'on defire.

Pour abriter les couches, de la pluie, on conftruit une efpèce de toît foutenu par des perches piquées en terre & liées par le haut; on le couvre de fougère, & l'on a foin de ménager un paffage entre la couverture & la couche pour pouvoir l'arrofer *(b)* & recueillir le falpêtre.

Les couches de Suède rapportent du falpêtre au bout d'un an, & continuent à en donner pendant environ dix années.

Lorfque les couches font en valeur, on balaye, avec un houffoir, le falpêtre en efflorefcence qui eft à leur furface; cette opération

---

(b) L'arrofement des couches fe fait avec de l'urine.

se fait tous les huit jours, & immédiatement après on les arrose.

La plus grande partie du nitre dont on fait usage en France se tire de la lessive des décombres ; les salpêtriers n'ont pas la permission de purifier ce sel, c'est un droit régalien, mais ils font évaporer sur le feu la lessive concentrée *(c)* des platras jusqu'au point de cristallisation ; ils la laissent alors refroidir, & par ce moyen ils obtiennent des pains de salpêtre qu'ils mettent à égoutter. Quoique durant l'évaporation de leur lessive les salpêtriers aient soin de séparer le sel marin qui se précipite au fond de la chaudière, le nitre qu'ils livrent à l'Arsenal en contient encore une grande quantité qu'il faut en séparer par des dissolutions & des cristallisations répétées.

Malgré toutes les précautions possibles, il n'y a pas de salpêtre qui ne contienne un peu de sel marin, qu'on rend sensible en mettant dans la dissolution du nitre quelques *cristaux de lune* dissous dans de l'eau distillée, il se fait alors un précipité qui est de l'argent corné.

(c) Les salpêtriers ont soin de passer la même eau sur plusieurs platras, afin de la charger de sel le plus qu'il est possible.

PREMIÈRE ESPÈCE.

Salpêtre de houssage.

Ce sel, composé d'acide nitreux & d'alkali fixe, se trouve à la surface des murailles sous la forme de filets blancs, soyeux, rassemblés en faisceaux.

Ayant retiré, par le houssage d'une muraille enduite de plâtre, deux livres de salpêtre, j'ai dissous ce sel dans de l'eau distillée ; après avoir évaporé lentement cette dissolution, elle m'a produit du nitre en prismes & du nitre à base de terre absorbante, mais je n'y ai point trouvé de sel marin.

La forme régulière des cristaux de nitre paroît être un prisme hexahèdre, terminé par deux pyramides hexahèdres.

Le prisme hexahèdre est ordinairement strié suivant sa longueur, il est quelquefois fistuleux & souvent comprimé ; il y a des cristaux de nitre où la pyramide manque, mais dont l'extrémité supérieure est coupée de biais ; d'autres ont leur sommet dihèdre ; lorsque le prisme est court & le sommet dihèdre, le cristal représente un octahèdre dont les deux pyramides

auroient été tronquées près de leur bafe. *Voyez*
la Criftallographie, *page 71.*

DEUXIÈME ESPÈCE.

Nitre cubique.

Ce fel, compofé d'acide nitreux & d'alkali
minéral, a pris fon nom de la forme de fes
criftaux qui font ordinairement cubiques. On
en trouve de cette efpèce dans le falpêtre de
l'Inde.

Souvent auffi les criftaux de nitre cubique
font rhombéaux & quelquefois creux. Ce fel
fufe fur les charbons ardens comme le falpêtre
ordinaire.

TROISIÈME ESPÈCE.

Sel ammoniac nitreux.

Ce fel, compofé d'acide nitreux & d'alkali
volatil, fe trouve quelquefois dans la leffive
des platras.

Il criftallife en prifmes à fix pans comprimés,
ftriés fuivant leur longueur & quelquefois
flexibles fans élafticité.

Le fel ammoniac nitreux, expofé au feu dans
un creufet, fe fond & fe fublime en partie fous

forme de vapeurs blanches ; fi l'on chauffe davantage le creufet, ce fel s'enflamme fans détonner, mais il peut fe fublimer entièrement dans une cornue fans y éprouver d'altération ; il n'en eft pas de même fi l'on en projette dans une cornue de grès qu'on a chauffée jufqu'à l'incandefcence, car alors l'alkali volatil qui fert de bafe à ce fel s'enflamme *(d)* & fe décompofe totalement, tandis que l'acide nitreux paffe dans le récipient. Cette expérience eft d'autant plus remarquable que durant le fufer du nitre l'acide de ce fel femble s'annihiler ou difparoitre entièrement.

QUATRIÈME ESPÈCE.

Nitre calcaire.

La terre calcaire, faturée d'acide nitreux, forme un fel neutre déliquefcent, qu'on rencontre d'ordinaire dans la leffive des platras.

Ce nitre calcaire, mis fur les charbons ardens, fe fond, fe bourfoufle & fufe.

(d) M. Cornette a démontré, dans un Mémoire qu'il a lû à l'Académie, que l'alkali volatil feul n'a pas la propriété de s'enflammer, qu'il faut pour cet effet qu'il foit combiné avec un acide.

CINQUIÈME ESPÈCE.

Nitre à base de terre absorbante.

L'acide nitreux, combiné avec la terre absorbante, forme un sel qui n'est pas déliquescent ; on en trouve de semblable dans le salpêtre de houssage ; ce nitre terreux ne fuse point sur les charbons ardens ; l'acide nitreux se dégage seulement de la terre absorbante sous forme de vapeurs rougeâtres.

Ayant fait évaporer une dissolution de nitre à base de terre absorbante dans une bassine d'argent, l'acide nitreux s'est dégagé de la terre absorbante, a porté son action sur l'argent & toute la surface interne de la bassine s'est trouvée dépolie & de couleur grise.

La combinaison de l'acide nitreux avec les terres absorbante & calcaire, indique assez la différence qui se trouve entre ces deux terres, puisque le nitre calcaire est déliquescent & fuse sur les charbons ardens, tandis que le nitre à base de terre absorbante ne fuse point & n'est point déliquescent.

Le salpêtre à base de terre absorbante n'ayant pas la propriété de fuser sur les charbons ardens, il me semble que le fuser du nitre ordinaire ne

peut être attribué qu'à l'acide phosphorique qui
entre comme partie intégrante dans la combinaison de ce sel & de quelques autres sels
nitreux ; la vive explosion de la poudre fulminante me paroît être produite par l'acide phosphorique surchargé de phlogistique qui se rencontre dans ce composé, ainsi que l'expérience
suivante le fera connoître.

Si l'on fait fondre lentement à l'air libre un
mélange de trois parties de nitre avec deux parties
d'alkali fixe du tartre & une de soufre *(e)*,
la fulmination considérable qui en résulte n'est
dûe, suivant moi, qu'à la présence de l'alkali
fixe dont l'acide phosphorique est une des
parties constituantes ; car un mélange de soufre
& de nitre exposé au feu détonne sans fulminer,
la flamme qui se produit est blanche & répand
une odeur d'acide sulfureux. Dans cette expérience l'acide nitreux est absolument détruit par
l'intermède du phlogistique du soufre, ce qu'il
est aisé de reconnoître en rassemblant, dans
des vaisseaux convenables, ces vapeurs qu'on
nomme *clissus*.

On peut décomposer le nitre sans aucun
intermède ; il suffit pour cela de le tenir long-

____

(e) C'est ce mélange qu'on nomme *poudre fulminante.*

temps en fusion dans un creuset, alors l'acide nitreux se dégage & il ne reste au fond du creuset que de l'alkali fixe ; c'est ce qu'on nomme improprement *nitre fixé (f)*, puisque l'acide nitreux s'en est dégagé. Le contact de l'air libre concourt à cette décomposition, comme je m'en suis assuré par l'expérience suivante : j'ai tenu en fusion pendant huit heures, dans une cornue de verre, quatre onces de nitre sans qu'il s'en dégageât ni eau ni acide ; la masse que j'ai trouvée au fond de la cornue n'avoit pas sensiblement diminué de poids ; ayant répété cette expérience dans une cornue de grès, il s'est dégagé un peu d'acide nitreux.

Sel marin.

L'acide marin, saturé d'alkali minéral, forme le sel commun, dont l'usage est presque universel pour assaisonner & conserver les viandes. Lorsqu'on mêle du sel marin avec de la glace pilée, il se produit un degré de froid

---

(f) La dénomination de *nitre fixé* est aussi exacte que celle d'*air fixe* donnée par quelques Modernes à l'acide marin volatil qu'on trouve dans l'atmosphère d'une cuve de bière en fermentation, puisqu'il ne s'y trouve réellement pas d'air.

considérable,

confidérable *(g)*, tandis que l'augmentation de l'intenfité du froid eft à peine fenfible lorfqu'on mêle ce même fel avec de l'eau diftillée.

Le fel commun fe trouve ou foffile dans le fein de la terre, ou tenu en diffolution dans l'eau de la mer, dans celle de quelques lacs & de quelques fontaines.

Quoique la plupart des fels qui ont pour bafe l'alkali de la foude, foient fufceptibles de tomber en effloreſcence lorfqu'ils ont le contact de l'air, le fel marin au contraire en attire l'humidité, mais le fel fébrifuge, qui eft à bafe d'alkali du tartre, ne s'altère pas fenfiblement dans la même atmofphère où le fel marin reçoit affez d'eau pour devenir humide à fa furface.

Si l'on expofe au feu, dans un creufet, du fel marin; il décrépite *(h)* jufqu'à ce qu'il ait perdu l'eau de fa criftallifation, & feroit rejeté hors du creufet fi l'on n'avoit foin de le tenir couvert; par un feu plus violent, ce fel fe fond & s'exhale fous forme de vapeurs blanches

---

(g) M. Baumé dit, dans fa Chimie raifonnée, *T. II,* p. 50, qu'un mélange de parties égales de fel marin & de glace pilée, produit un froid de 18 degrés au-deffous du terme de la glace.

(h) Le fel marin purifié perd le cinquième de fon poids par la décrépitation.

Tome I. F

qu'on nomme *fleurs de sel* ; lorsqu'on le laisse refroidir après avoir été mis en fusion, il forme une masse feuilletée, très-salée, qui attire aussi l'humidité de l'air.

PREMIÈRE ESPÈCE.

Sel gemme ou fossile.

Ce sel est, de même que celui que nous tirons de la mer, composé d'acide marin & d'alkali minéral ; on en trouve des carrières immenses en Pologne, en Espagne, dans la Russie, la Hongrie, le Tirol & ailleurs ; lorsqu'il ne contient point de matières étrangères, il est blanc & transparent comme le cristal de roche, ce qui lui a fait donner le nom de *sel gemme* ; il est en masses compactes & souvent en très-beaux cubes, mais la cristallisation de ce sel n'est pas toujours aussi rassemblée ; il s'en trouve de grenu, de strié, &c.

Il y a du sel gemme coloré en jaune, en rouge & en bleu ; cette dernière couleur étant dûe à un peu de cuivre, on ne doit pas faire usage de cette espèce ; la couleur jaune ou rouge du sel fossile n'est ordinairement dûe qu'à de la terre martiale dont on parvient à dégager ce sel en le dissolvant dans de l'eau

& en faisant évaporer cette leſſive après qu'elle a dépoſé l'ocre qu'elle contenoit.

Si le ſel foſſile eſt mêlé avec du gypſe ou d'autres terres, ce qui arrive ſouvent, il faut de même le diſſoudre dans l'eau pour le débar-raſſer de ces matières étrangères & recourir enſuite à l'évaporation pour l'avoir pur & ſans mélange.

La diſſolution de ce ſel produit toujours, par l'évaporation inſenſible, des cubes rec-tangles, & par l'évaporation moyenne, des pyramides creuſes, renverſées, de forme qua-drangulaire, qui ſont elles-mêmes compoſées de cubes ou de parallélipipèdes.

DEUXIÈME ESPÈCE.

Sel commun, Sel marin.

Il ne diffère en rien du ſel gemme, & ſe trouve ordinairement dans l'eau de la mer dans la proportion d'un trente-deuxième *(i)* ; ſi l'eau de la mer étoit redevable de ſa ſalure à du ſel gemme qu'elle auroit diſſous, non-ſeulement elle devroit être plus ſalée qu'elle ne l'eſt en

―――――――――――――――――――

(i) On le retire par l'évaporation de l'eau de la mer.

effet *(k)*, mais la falure augmenteroit journel-lement jufqu'à parfaite faturation, ce qui n'arrive point *(l)*.

Je penfe que le fel marin que contient l'eau de la mer eft formé par la décompofition d'une partie de la félénite que cette eau tenoit en diffolution, & que l'acide vitriolique de la félénite, en fe modifiant, a paffé à l'état d'acide marin ; ce paffage me paroît produit par l'intermède du principe odorant dégagé des animaux marins qui tombent en putréfac-tion ; l'alkali volatil qu'ils contiennent devient libre alors, & l'alkali fixe, produit par le même alkali volatil qui s'eft décompofé, fournit une bafe à l'acide marin formé par la modification de l'acide vitriolique ; de-là le fel marin. Si on

---

(k) L'eau douce peut tenir en diffolution à peu-près le quart de fon poids de fel commun.

(l) Je fuis en cela du fentiment de Mrs Hierne & Wallerius ; ce dernier dit, dans la nouvelle édition de fa Minéralogie : *Eandem cum Urbano Hierne nos fovemus fen-tentiam, fal nempe marinum in mari & quidem continuè generari ; fi quidem eadem falis quantitas in aquâ marinâ reperitur ac olim. Aqua pura plus falis omnino folvere & retinere poteft quam in aquâ marinâ reperitur, nil ergo impedit quin reipfa magis folveret, fi tanta falis gemmæ adeffet copia, confequenter aqua marina quò diutius eò magis falfa redderetur.* Wal. Syft. miner. T. II, p. 60.

ne le trouve dans l'eau de la mer qu'environ dans la proportion d'un trente-deuxième, c'est que l'eau ne peut tenir en dissolution qu'une certaine quantité de sélénite.

C'est à la petite portion de sélénite non décomposée, qui se rencontre dans l'eau de la mer, qu'est dûe l'odeur fétide que cette eau contracte lorsqu'on la conserve dans un vaisseau quelconque, car la sélénite venant alors à se décomposer, forme un foie de soufre terreux *(m)* qui constitue l'odeur qu'exhale l'eau putréfiée, & qu'elle perd lorsque ce foie de soufre lui-même s'est décomposé. Je me suis assuré, par l'analyse que j'ai faite de l'eau de mer putréfiée, que le sel marin qu'elle contient n'avoit éprouvé aucune altération ; en effet, j'ai retiré de cette eau, par l'évaporation, une quantité de sel égale à celle que m'avoit produit une même quantité d'eau de mer qui n'avoit point passé à la putréfaction.

(m) Voici comme je conçois l'origine de ce foie de soufre par la décomposition de la sélénite ; l'acide vitriolique que ce sel contient s'unissant à de la matière inflammable, forme un foie de soufre en se combinant avec la terre absorbante qui servoit de base à la sélénite. J'ai reconnu que l'eau distillée ne se putréfioit jamais, tandis que l'eau séléniteuse se putréfioit très-aisément sur-tout dans les mois de Juillet & d'Août.

TROISIÈME ESPÈCE.

Sel de fontaine.

Il ne diffère point du sel marin ; on l'obtient par l'évaporation de l'eau des fontaines salées, qui produit proportionnellement plus de sel que l'eau de la mer *(n)* ; cela vient de ce que ces fontaines doivent leur salure à du sel gemme *(o)*, & c'est aussi la raison pour laquelle l'eau des fontaines salées est plus séléniteuse *(p)* que l'eau de la mer.

Outre le sel marin ordinaire, l'eau des fontaines salées contient du sel marin à base terreuse & un peu de sel de Glauber.

—————————

(n) Il y a de ces fontaines qui contiennent jusqu'à seize livres de sel sur cent livres d'eau, tandis qu'on en tire à peine trois à quatre livres de la même quantité d'eau de mer.

(o) M. Hasselquist dit, dans son Voyage au Levant : « qu'il n'y a pas de pays dans le monde qui renferme » dans son sein une aussi grande quantité de sel que l'Égypte, » dont le fond du terrein est rempli de sel gemme ; la » plupart des puits contiennent de l'eau salée, & l'on » regarde comme une merveille un puits d'eau douce qui » se trouve près de Matane ; un Égyptien ou un Arabe » qui a une source d'eau douce dans son terrein, croit posséder un trésor, qu'il ne découvre qu'à ses enfans ».

(p) Les branches des fagots des bâtimens de graduation sont presque toujours incrustées de sélénite.

QUATRIÈME ESPÈCE.

Sel marin calcaire.

La terre calcaire, faturée d'acide marin, forme un fel neutre qui criftallife en prifmes à quatre pans ftriés ; ce fel, qui eft déliquefcent, a une faveur très-piquante ; on en trouve dans l'eau de la mer, dans celle des fontaines falées, & principalement dans celle du lac Afphaltite. C'eft ce que j'ai eu occafion de reconnoître dans l'analyfe que j'ai faite de l'eau de ce lac, dont M. Guettard avoit remis plufieurs bouteilles à l'Académie qui m'en donna une à examiner.

L'eau du lac Afphaltite eft limpide, inodore, d'une faveur âcre & piquante ; il y avoit un grouppe de criftaux de fel marin cubiques au fond de la bouteille dans laquelle on avoit transporté cette eau.

Le lac Afphaltite, fitué dans la Judée fur les confins de l'Arabie Pétrée, eft connu depuis long-temps fous le nom de *mer-morte* ; il eft appelé, dans l'Écriture, la mer du fel, *mare falis, mare falfiffimum* ; dénominations qui font voir que chez les Anciens même l'eau de ce lac paſſoit pour être plus ſalée que celle de la mer.

La peſanteur de l'eau de la mer étant à celle du lac Aſphaltite comme 6 eſt à 7, il eſt aiſé de ſentir que la raiſon pour laquelle le bitume de Judée nage ſur l'eau de ce lac tandis qu'il ſe précipite au fond de l'eau de mer, vient de ce que cette dernière contient moins de ſel *(q)*.

Si l'on verſe, dans de l'eau du lac Aſphaltite, de l'huile de tartre par défaillance, il ſe fait un *coagulum*, lequel, après avoir été leſſivé avec de l'eau diſtillée, laiſſe une terre calcaire blanche ; la leſſive du *coagulum* a produit, par l'évaporation, du ſel fébrifuge de Sylvius.

L'expérience précédente fait connoître que l'eau du lac Aſphaltite contient du ſel marin à baſe de terre calcaire. Ayant fait évaporer lentement une livre de cette eau, j'ai obtenu une once de ſel marin criſtalliſé en cubes ; cette même eau du lac Aſphaltite, rapprochée preſque aux deux tiers, a produit, par le refroidiſſement,

---

(q) Peſanteur comparée de l'eau diſtillée avec l'eau de la mer & celle du lac Aſphaltite.

Eau $\begin{cases} \text{diſtillée} \dots\dots\dots\dots\dots\dots 576. \\ \text{de mer} \dots\dots\dots\dots\dots\dots\dots 602. \\ \text{du lac Aſphaltite} \dots\dots\dots\dots 710. \end{cases}$

cinq onces de sel marin à base calcaire , sous la forme d'une masse blanche, striée, transparente, déliquescente & d'une saveur très - piquante. L'eau-mère qui restoit après avoir obtenu ces deux espèces de sels, ne verdissoit point la teinture bleue des végétaux & précipitoit en blanc la dissolution de nitre mercuriel.

Il résulte de ce que je viens de rapporter, que dix onces d'eau du lac Asphaltite tiennent en dissolution six onces de sels , puisqu'une livre de cette eau contient cinq onces de sel marin à base de terre calcaire & une once de sel marin.

On fait artificiellement du sel marin calcaire en saturant d'acide marin le spath ou la terre calcaire ; le sel qui en résulte est déliquescent & semblable à celui qu'on trouve dans l'eau du lac Asphaltite & dans l'eau-mère des fontaines salées.

La chaux éteinte , saturée d'acide marin , produit , par l'évaporation , une masse saline , moins colorée que celle qui résulte de la saturation de la terre calcaire par le même acide *(r)*;

____

(r) La dissolution du sel marin calcaire donne , par le refroidissement , une masse saline d'un jaune clair ; mais si elle a été moins rapprochée , ses cristaux sont blancs & transparens.

ces deux espèces de sels tombés en *deliquium* sont connus sous le nom d'*huile de chaux*.

CINQUIÈME ESPÈCE.

Sel marin terreux.

Ce sel, composé de terre absorbante & d'acide marin, est moins déliquescent que le sel marin à base de terre calcaire; on en trouve dans la lessive des platras.

SIXIÈME ESPÈCE.

Sel ammoniac.

Ce sel, composé d'alkali volatil & d'acide marin, se rencontre dans les sublimations salines des Volcans & sur-tout dans celle de la Solfatare. Il se sublime sans se décomposer, & est semblable à celui qu'on prépare en Égypte & qu'on fabrique en France depuis peu, d'après les procédés de M. Baumé.

Les cristaux qu'on obtient de la dissolution du sel ammoniac, sont différens de ceux que donne le même sel par la sublimation; les premiers sont des octahèdres implantés les uns sur les autres, d'où résultent des prismes quadrangulaires, articulés, terminés par des pyramides à quatre pans; souvent ces prismes sont croisés de manière qu'il en résulte des pyramides quadrilatères, évidées.

Les cristaux du sel ammoniac, obtenus par la sublimation, sont prismatiques, assemblés parallèlement, & quelquefois flexibles.

Le sel ammoniac a une saveur beaucoup plus piquante que le sel commun & le sel marin calcaire.

SEPTIÈME ESPÈCE.

Métaux spathiques ou cornés.

L'acide marin, combiné avec les substances métalliques, forme des sels neutres qu'on a désignés par les noms de *métaux cornés* & de *métaux spathiques ;* ces mines salines me paroissent être fort abondantes dans la Nature, & il y a telle substance métallique, l'étain par exemple, qu'on n'a trouvé combiné jusqu'à présent qu'avec l'acide marin.

Lorsque l'acide marin se trouve uni à une substance métallique, elle est dépouillée de la plus grande partie de son phlogistique, qui s'y rencontre au contraire lorsque la substance métallique a pour minéralisateur le soufre ou l'arsenic.

On verra, par la suite de cet Ouvrage, que dans les métaux spathiques ou cornés, la combinaison de l'acide marin avec les substances métalliques est accompagnée d'une matière grasse qui rend ces métaux cornés naturels insolubles dans l'eau.

HUITIÈME ESPÈCE.

Sel fébrifuge de Sylvius.

L'acide marin, combiné avec l'alkali fixe du tartre, forme le sel connu sous le nom de *Sylvius;* on en trouve dans la lessive des platras.

Ce sel est moins déliquescent que le sel marin; si l'on en met six gros dans une once d'eau distillée, le froid qui en résulte fait descendre le thermomètre de 8 degrés, tandis qu'une quantité égale de sel marin, mêlée avec autant d'eau, ne fait descendre le thermomètre que d'un degré.

Bitumes.

Les bitumes sont des substances fossiles, inflammables; on en compte huit espèces :

Le charbon de terre.
Le naphte.
Le pétrole.
La poix minérale.
L'asphalte ou bitume de Judée.
Le jayet.
Le succin.
L'ambre gris.

De ces huit espèces il n'y en a que quatre essentiellement différentes : savoir, le pétrole, le jayet, le succin & l'ambre gris. Je crois que les bitumes sont le produit de la matière grasse qui se trouvoit dans l'eau-mère des sels dont est composée la plus grande partie solide du globe terrestre. Je comprends ici sous la dénomination de *sels*, non-seulement les sels généralement reconnus pour tels, mais les *pierres* même (*f*), que l'analyse chimique m'a fait reconnoître pour vrais sels ; on peut aussi les réduire à quatre principaux : savoir, la sélénite, le quartz, le spath fusible & le basalte ; j'ai même lieu de croire que chaque espèce de bitume est produite par une des espèces de sel dont je parle, mais

____

(*f*) Les terres sont des pierres divisées dont les parties n'ont presque pas de cohérence entre elles.

je ne puis affigner fi c'eft le quartz plutôt que le bafalte qui a donné naiffance au pétrole, &c.

La difficulté qu'ont les bitumes à fe diffoudre dans l'efprit-de-vin, vient de ce que la matière graffe, dont ils font le réfultat, eft analogue aux huiles graffes; tous ces bitumes, après avoir été diftillés, deviennent folubles dans l'efprit-de-vin; il en eft de même des huiles graffes.

Charbon de terre, Houille.

On donne le nom de *charbon de terre*, ou de *houille*, à différentes efpèces de terres pénétrées par une huile bitumineufe.

Le charbon de terre contient toujours un foie de foufre volatil, formé par l'alkali volatil & le foufre, & un peu de terre martiale.

Une livre de charbon de terre rend ordinairement, par la diftillation, une once d'efprit alkali volatil, mêlé de foie de foufre volatil, avec une once d'huile noire, fétide, dont une partie eft légère & l'autre pefante *(t)*.

Lorfqu'on verfe de l'acide vitriolique fur de l'efprit alkali volatil, obtenu par la diftillation du charbon de terre, il fe fait une forte

____

(t) J'ai diftillé du charbon de terre tiré de différens pays, & les produits ont toujours été à peu-près femblables;

effervefcence durant laquelle il fe dégage une odeur de foie de foufre décompofé, la liqueur fe trouble & il fe précipite du foufre.

Ce qui refte dans la cornue, après la diftillation du charbon de terre, eft noir & fpongieux ; c'eft une fubftance charbonneufe qu'on a trouvée propre à produire une chaleur plus forte que celle du charbon de bois.

Dans les forges, la houille brûlée & décompofée eft nommée *mâchefer*, avec d'autant plus de fondement que ce charbon a détruit une partie du fer qu'on chauffoit avec ; cette altération du fer eft produite par le foie de foufre volatil que contient effentiellement le charbon de terre ; la fumée que ce bitume répand en brûlant a, par la même raifon, la propriété de noircir les étoffes d'or & d'argent.

La houille peut être employée avec fuccès dans l'exploitation de plufieurs fortes de mines, mais il faut avoir foin de lui faire éprouver une torréfaction préliminaire. Pour y parvenir, on arrange la houille par monceaux fur un terrein horizontal & l'on en compofe des charbonnières de douze pieds de diamètre fur deux pieds & demi de hauteur dans le centre ; il faut en général prendre les mêmes précautions pour la difpofition de ces charbonnières que pour

celles où l'on prépare le charbon de bois, c'est-
à-dire pratiquer des issues, tant pour y mettre
le feu que pour donner un courant à l'air &
aux vapeurs qui se dégagent des tas échauffés.
Lorsqu'une charbonnière, ou alumelle, est
achevée, on la couvre avec de la paille & de
la terre-franche de l'épaisseur d'un pouce ; on
empêche, par cette précaution, qu'une partie
du charbon ne se convertisse en *escabrille* ; c'est
ainsi qu'on nomme la braise du charbon de terre.

Quelquefois une charbonnière tient le feu
durant quatre jours ; on connoît que la torréfaction est achevée lorsqu'on n'aperçoit plus
de fumée ; on bouche alors toutes les issues par
où l'air pourroit avoir accès, & ce n'est qu'au
bout de quinze heures qu'on peut retirer ce
charbon qui ne contient plus de bitume ni de
foie de soufre volatil ; le charbon de terre qui
a subi cette espèce de distillation est propre à
suppléer au charbon de bois.

Il faut avoir recours à la calcination pour
déterminer la nature de la terre qui sert de base
à la houille ; la cendre qu'elle laisse prend différentes couleurs suivant la quantité de fer
qu'elle contient, cette cendre fait effervescence
avec les acides si elle est calcaire ; mais pour
s'assurer si elle est argileuse, il faut la distiller

avec

avec de l'acide vitriolique, car alors le réfidu
leffivé & évaporé produit de l'alun.

PREMIÈRE ESPÈCE.

Charbon de terre noir & brillant.

Le charbon de terre fe trouve par lits dans
prefque toutes les contrées & à différentes profondeurs, fouvent accompagné de pyrites martiales ; celui qui eft noir & brillant eft tantôt
très-fragile, tantôt affez dur & compacte pour
pouvoir être travaillé fur le tour ; tel eft celui
de la province de Lincoln en Angleterre.

DEUXIÈME ESPÈCE.

Charbon de terre chatoyant.

Celui-ci réfracte les rayons de la lumière
comme la gorge des pigeons ; cet effet fuper-
ficiel me paroît être un produit de la décompofition des pyrites, qui fouvent l'accompagnent ;
on en peut dire autant de l'ocre martiale qui fe
trouve à la furface du charbon de terre & qui
lui donne une couleur jaune plus ou moins
foncée.

TROISIÈME ESPÈCE.

Charbon de terre oculé.

On rencontre quelquefois dans le charbon de terre de Naſſau, des cercles de quatre ou cinq lignes de diamètre, dans le milieu deſquels ſont des cercles plus petits & concentriques ; ces veſtiges circulaires ſont éloignés les uns des autres de ſix ou ſept lignes ; en caſſant des morceaux de ce charbon, j'ai trouvé des lames circulaires du diamètre des cercles, qui paroiſſent n'en être que les empreintes *(u)*.

Ces lames ſont fragiles, & m'ont paru de nature argileuſe.

QUATRIÈME ESPÈCE.

Charbon de terre pyriteux.

On trouve du charbon de terre mêlé avec une ſi grande quantité de pyrites martiales qu'il s'enflamme de lui-même à l'air libre, lorſqu'on le laiſſe ſous des hangars ; la pyrite s'y trouve ſouvent en moindre abondance, & elle y eſt

---

(u) Dans le charbon de terre oculé, ce qui forme l'œil prétendu, eſt une méduſe, animal du genre des molluſques de Linnæus. C'eſt le ſentiment de M. Reinhold Forſter.

quelquefois ſi diviſée & ſi diſſéminée qu'on ne peut en déterminer la préſence que par la combuſtion du charbon; il répand alors des vapeurs d'acide ſulfureux.

On a remarqué que les moufettes inflammables étoient fréquentes dans les mines de charbon de terre.

CINQUIÈME ESPÈCE.

Charbon de terre vitriolique.

Lorſque les pyrites martiales ſe ſont décompoſées lentement en paſſant à l'effloreſcence, elles produiſent du vitriol martial qui ſe trouve ſouvent interpoſé dans les charbons de terre; on en voit de cette eſpèce dans le Rouergue, entre Sivrac & Milhaud, à deux lieues de Rhodès. Ce charbon, qui contient encore de la pyrite martiale non décompoſée, eſt à ſept ou huit pieds de profondeur & diſpoſé par lits; il produit vingt-cinq livres de vitriol martial par quintal.

Le charbon de terre vitriolique de Sivrac, diſtillé après avoir été leſſivé, rend de l'eau qui tient en diſſolution du foie de ſoufre volatil, & une huile peſante; mais ſi on le diſtille ſans avoir été leſſivé, on en obtient de l'acide

sulfureux, du sel ammoniac sulfureux & un
peu d'huile légère.

SIXIÈME ESPÈCE.

Charbon de terre alumineux.

Cette espèce, lorsqu'on la laisse en tas à
l'air libre, sous des hangars, se couvre peu
de temps après d'une efflorescence blanche,
qui n'est autre chose que de l'alun; ce même
charbon est seulement pyriteux & ne produit
pas d'alun par la lessive lorsqu'il est nouvellement tiré de la carrière; il faut, pour que
la génération de l'alun puisse avoir lieu, que
les pyrites, où les principes de ce sel se rencontrent, soient tombées en efflorescence.

SEPTIÈME ESPÈCE.

Charbon de terre avec des coquilles calcaires.

On remarque dans cette espèce des coquilles
blanches, nacrées, exfoliées, & pour l'ordinaire assez bien conservées; dans le morceau
que je possède, on voit une telline longue de
plus de deux pouces; tout le reste est parsemé
de fragmens de coquilles; il vient de Zurich.

Naphte.

C'eſt une huile bitumineuſe, fluide, ordinairement peu colorée & d'une odeur ſemblable à celle du pétrole, dont le naphte paroît tirer ſon origine. En effet, l'huile que j'ai obtenue par la diſtillation du pétrole eſt ſemblable au naphte.

Pétrole.

Ce bitume eſt une huile minérale, noirâtre, aſſez épaiſſe, d'une odeur forte & qui ſuinte à travers les rochers, d'où eſt venu ſon nom de pétrole, *Petrœvleum*. Celle qu'on trouve près de Béſiers, dans le Languedoc, eſt connue ſous le nom d'*huile de Gabian*.

Je penſe que le pétrole eſt fourni par la décompoſition qu'éprouve le charbon de terre, lorſque, pénétré par la chaleur des feux ſouterreins, il rend comme par diſtillation, l'huile bitumineuſe qu'il contient.

Poix minérale, Malte.

Ce bitume, qui a la conſiſtance d'un baume épais, avec une odeur forte, ne paroît être qu'un pétrole épaiſſi; il eſt noir pour l'ordinaire, & on peut l'employer aux mêmes uſages que le goudron.

G iij

Afphalte, Bitume de Judée.

C'eſt une eſpèce de réſine minérale, noire & très-fragile, qui répand, lorſqu'on la frotte ou qu'on la chauffe, une odeur forte & déſagréable ; ce bitume, produit par de la poix minérale épaiſſie, ſe trouve en grande quantité à la ſurface du lac Aſphaltite : il vient du fond du lac, & s'il nage à la ſurface, on doit l'attribuer à la qualité particulière de cette eau qui, comme on l'a dit ci-deſſus *page 88*, étant ſaturée ou preſque ſaturée de ſels, eſt beaucoup plus peſante que l'eau des autres mers au fond deſquelles l'aſphalte ſe précipite, de même que le ſuccin.

On a découvert des mines d'aſphalte au Valtravers, dans le comté de Neufchâtel.

J'ai des morceaux de cinabre criſtalliſé, tranſparent, du duché des Deux-Ponts, où il ſe trouve de l'aſphalte entre deux ſilons de quartz.

L'aſphalte n'eſt pas plus ſoluble dans l'eſprit-de-vin que le pétrole auquel il doit ſa naiſſance *(x)* ; il y a donc lieu de croire que le naphte, le

---

(x) Elucet aſphaltum nihil aliud eſſe quàm vel petroleum coagulatum, vel maltham inſpiſſatam. Syſt. miner. Waller, Vol. 11, *page 96*.

pétrole & la poix minérale font à l'afphalte ce que, dans un autre règne, les huiles effentielles & les baumes font aux réfines,

L'afphalte produit, par la diftillation, un peu de foie de foufre volatil & prefque la totalité de fon poids d'huile noire & fétide ; il ne refte dans la cornue qu'un charbon trèsléger.

Le foie de foufre volatil qu'on obtient eft compofé d'alkali volatil & de foufre ; il fait une légère effervefcence avec les acides.

Jais ou Jayet.

Ce bitume eft noir, inodore, fufceptible du poli & moins fragile que le charbon de terre ; comme lui il fe trouve par couches & eft fouvent recouvert d'une efflorefcence martiale d'un jaune pâle ; il eft commun en Angleterre, en Suède, en Allemagne, en France, & ailleurs.

Le jayet, lorfqu'on le diftille, fournit une eau claire, infipide, inodore, une huile citrine & légère, puis une huile noire, pefante, avec un foie de foufre phofphorique d'une odeur infoutenable. Une portion de l'alkali volatil, qui paffe durant la diftillation du jayet, venant à se combiner avec l'huile empyreumatique, forme une matière oleo-savonneuse assez épaisse.

Le résidu de la distillation de ce bitume est très-spongieux, mais un peu plus considérable que celui de l'asphalte.

Le jayet est plus pesant que l'eau; il ne nage que sur celle du lac Asphaltite ou dans toute autre lessive aussi chargée de sel.

Succin, Ambre jaune ou Karabé.

Ce bitume se trouve en grande quantité dans la mer Baltique, proche les côtes de la Prusse; comme il est plus pesant que l'eau, on profite du temps où la mer est agitée pour le pêcher & ramasser celui que les flots ont poussé sur le rivage. Le succin fossile est aussi très-abondant en Prusse & en Poméranie, où il se trouve par couches comme les autres bitumes solides, il est quelquefois plus fragile que celui qu'on trouve dans la mer, quoique l'un & l'autre soient composés des mêmes principes; le succin solide m'a paru plus électrique que celui qui étoit fragile.

Le succin fournit, par la distillation, un esprit acide, odorant, une huile noirâtre, un sel acide concret & une huile noire & épaisse, rendue fétide par un peu de foie de soufre phosphorique volatil.

L'acide du succin me paroît être analogue à l'acide phosphorique, & c'est peut-être la raison pour laquelle le sel neutre qui résulte de la combinaison de cet acide du succin avec l'alkali fixe, ne peut être décomposé par l'acide vitriolique, ce dernier acide étant, comme l'on sait, plus léger que le phosphorique.

Si l'on trouve quelques vestiges de sel marin dans le succin, ce n'est jamais qu'accidentellement qu'il s'y rencontre, ainsi que l'a très-bien observé M. Pott, dans son *Mémoire sur le sel volatil de succin*, inséré parmi ceux de l'Académie de Berlin, *année 1753 (y)*.

Le foie de soufre volatil qu'on retire par la distillation du jayet ou du succin, est différent de celui qu'on obtient du charbon de terre ; c'est le soufre combiné avec l'alkali

---

(y) Ce Chimiste y dit que le sel de succin ne participe ni de l'acide vitriolique ni de l'acide marin ; qu'à la vérité on y trouve quelquefois des vestiges de sel marin, mais qu'il les croit accidentels & seulement dûs à un peu de sel marin qui s'est attaché à la surface du succin : il pense enfin que l'acide du sel de succin ressemble plutôt à l'acide végétal, & qu'il y a un très-grand rapport entre ce sel & les fleurs de benjoin.

volatil qui conſtitue le foie de ſoufre qu'on
retire de ce dernier par la diſtillation , tandis
que celui qui réſulte de la diſtillation du jayet
ou du ſuccin eſt beaucoup plus fétide , parce
qu'il eſt compoſé d'une eſpèce de phoſphore
combiné avec l'alkali volatil.

PREMIÈRE ESPÈCE.

Succin jaune , tranſparent.

La couleur jaune de ce bitume eſt plus ou
moins foncée , il eſt auſſi plus ou moins tranſparent ſelon ſon degré de pureté ; on trouve
dans quelques morceaux des gouttes d'eau ,
des inſectes & autres corps étrangers , qui en
augmentent le mérite aux yeux des Curieux.

DEUXIÈME ESPÈCE.

Succin opaque.

Il y en a de blanc , de jaune & de rougeâtre ;
il ne diffère de la première eſpèce que par ſon
opacité.

TROISIÈME ESPÈCE.

Succin fragile & feuilleté.

Il eſt globuleux & formé par couches minces
de différentes nuances de jaune , leſquelles ſe

recouvrent l'une l'autre comme dans les bé-
zoards. On le trouve dans les Pyrénées, à
Madagafcar, & ailleurs.

Ambre gris.

L'ambre gris eft un bitume léger, gris,
opaque, grenu, de confiftance molle à peu-
près comme la cire, d'une odeur douce &
agréable; le meilleur vient des îles de Madagafcar & de Sumatra; on trouve quelquefois
dans ce bitume des pierres, des arêtes de
poiffon & d'autres parties animales, telles que
des becs de Polypes marins, qu'on a fouvent
pris pour des becs d'Oifeaux.

L'ambre gris n'eft pas plus foluble dans
l'efprit-de-vin que les autres bitumes; on s'en
fert particulièrement pour exalter l'odeur du
mufc.

On tire de l'ambre gris, par la diftillation,
de l'eau acide & une huile noirâtre, épaiffe
& pefante, dont l'odeur n'eft pas défagréable
comme celle des autres bitumes, parce que
celui-ci, dans fa diftillation, ne produit pas
de foie de foufre volatil.

Une demi-once d'ambre gris, après avoir
été diftillée, a laiffé dans la cornue vingt grains
d'un charbon très-léger.

Première espèce.

Ambre gris.

Cette espèce, dont l'odeur est assez agréable, fond aussi promptement que de la cire lorsqu'on l'expose au feu. On en trouve qui est taché de blanc & de noir.

Deuxième espèce.

Ambre d'un brun noirâtre.

Tel est celui qui se rencontre dans l'estomac des cétacées ; au lieu d'être grenu comme l'ambre gris, il est lisse & n'a presque point d'odeur.

SECONDE PARTIE.

DES TERRES.

Terre abforbante.

LA plupart des Minéralogiftes & des Chimiftes, s'accordent à reconnoître plufieurs efpèces de terres fimples ou primitives ; les uns les réduifent à deux : favoir, la terre calcaire & celle qu'ils nomment vitrifiable ; d'autres en portent le nombre jufqu'à quatre, qui font :

La terre { calcaire. gypfeufe. argileufe. vitrifiable.

Mais on verra par la fuite qu'aucun de ces fyftèmes n'eft admiffible, & qu'à parler phyfiquement, il n'y a de terre primitive & vraiment élémentaire que la feule terre abforbante ; quoique cette terre foit répandue dans toute la Nature & qu'elle ferve de bafe à prefque tous les corps foffiles, je ne crois pas que

jusqu'à présent on en ait trouvé d'absolument
pure dans le règne minéral.

C'est dans les substances osseuses animales
que la terre absorbante se rencontre en plus
grande quantité ; pour l'obtenir il faut les calciner à blanc, diviser par la pulvérisation &
la porphirisation les masses poreuses & fragiles
qu'elles laissent, laver ensuite cette terre dans
de l'eau distillée, la sécher & la calciner une
seconde fois, puis la lessiver de nouveau jusqu'à ce que l'eau ne verdisse plus la teinture
bleue de violettes ; cette teinture ne change
de couleur que par le natron que les os calcinés contiennent, & quoique cet alkali soit
très-soluble dans l'eau, j'ai reconnu qu'il falloit
calciner à plusieurs reprises & pendant long-
temps la terre absorbante pour parvenir à la
dépouiller, par la lessive, de tout le natron
qu'elle contient.

Je me suis assuré de la présence du natron
dans cette lessive de la terre absorbante des os
calcinés, en y versant, jusqu'à saturation, de
l'acide vitriolique, ce qui, par l'évaporation de
cette dissolution, m'a produit du sel de Glauber.

La lessive des os calcinés a aussi la propriété
de décomposer l'eau de chaux & l'eau séléniteuse.

La terre abforbante ainfi dépouillée de natron par des leffives répétées, n'éprouve aucune altération au feu le plus violent *(z)* & ne fe vitrifie pas, même par l'intermède du verre de plomb, ce qui la rend propre à faire des coupelles.

Lorfqu'on verfe de l'eau fur de la terre abforbante nouvellement calcinée, elle l'abforbe avec bruit fans qu'on y remarque de chaleur fenfible.

Une expérience propre à faire connoître que la terre abforbante eft effentiellement différente de la terre calcaire, c'eft le produit de la faturation de ces deux terres par un même acide.

Je mets deux onces de craie dans une cornue de verre tubulée, & après y avoir adapté un récipient enduit d'alkali fixe *(a)* ; je verfe fur la craie une once d'huile de vitriol, affoiblie par une partie d'eau : il fe fait auffi-tôt une

---

(z) La terre abforbante pure n'éprouve aucun changement lorfqu'on l'expofe au foyer du miroir ardent ; mais fi elle contient encore du *natron*, il fe fait un enduit vitreux, bleuâtre à l'endroit qui étoit en contact avec le foyer de la lentille.

(a) C'eft l'huile de tartre par défaillance que j'emploie dans ces expériences.

vive effervefcence pendant laquelle , outre l'air qui fe forme en très-grande quantité , il fe dégage un acide volatil qui fe combine fur le champ avec l'huile de tartre , obfcurcit le récipient & forme fur fes parois des criftaux parallélipipèdes & cubiques , femblables à ceux que forme l'acide marin volatil combiné avec l'alkali fixe.

Je mets , dans un appareil femblable au précédent , deux onces de terre abforbante privée de *natron* , & après y avoir verfé de l'acide vitriolique étendu d'eau , l'effervefcence n'eft que très-peu marquée , la terre abforbante fe fature d'acide fans qu'il s'en dégage d'air & fans qu'on aperçoive fenfiblement de criftaux fur les parois du récipient enduites d'alkali fixe.

Si dans cette expérience il ne fe dégage point d'acide marin volatil , c'eft que la terre abforbante bien leffivée ne contient ni acide marin ni acide phofphorique , & que l'acide marin volatil n'eft que l'un ou l'autre de ces acides modifié par le moyen d'une matière graffe ou du phlogiftique.

La terre abforbante , faturée d'acide nitreux , forme un fel neutre qui n'eft point déliquefcent & qui n'a point la propriété de fufer fur les charbons

charbons ardens *(b)*, tandis que la terre calcaire, faturée d'acide nitreux, produit un fel
neutre, déliquefcent, doué de la propriété de
fufer fur les charbons ardens.

L'expofé fuivant fera voir que la terre abforbante fert de bafe à tous les mixtes falins
concrets qu'on a nommés *pierres* ou *terres*.

Lorfque l'acide phofphorique eft combiné
avec la terre abforbante, il en réfulte la *pierre
calcaire*, qui eft un fel avec excès de terre
abforbante ; fi cet excès a été faturé d'acide
phofphorique, il en réfulte le *fpath fufible* ou
vitreux. J'ai rendu compte des expériences que
j'ai faites pour m'affurer de cette vérité ; & c'eft
d'après elles que j'ai avancé, en *1771*, (temps
où s'imprimoient mes Élémens de Minéralogie)
que le fpath fufible étoit un fel neutre compofé
d'acide phofphorique & de terre abforbante *(c)*.

(b) La terre dégagée du gypfe par l'alkali fixe, la terre
de l'alun, de même que celle qu'on a féparée par le même
intermède des trois efpèces de fpaths, le calcaire, le féléniteux & le phofphorique, produifent toutes, après avoir
été faturées d'acide nitreux, un fel neutre non déliquefcent
& qui ne fufe point fur les charbons ardens.

Ces mêmes terres dégagées de tout principe falin, n'étant
pas plus vitrifiables que la terre abforbante des os calcinés,
feroient également propres à faire des coupelles.

(c) On trouvera dans le Journal de Phyfique du mois

On lit, *page 34* de la Traduction angloise des Expériences de M. Scheele, sur le spath fluor, par M. Reinhold Forster, laquelle parut en 1772 :

From the above experiments it appears that the sparri fluor is a Calcareous earth saturated with its own acid ; c'est-à-dire :

« Il paroît, par les expériences ci-dessus, » que le spath fusible est la terre calcaire saturée de son propre acide ; » & dans la suite de ces Observations, M. Scheele désigne cet acide par *acid of spar* (acide du spath) ; & si M. Scheele eût connu que c'étoit l'acide phosphorique qui se trouvoit dans le spath fusible, il n'auroit pas manqué de le désigner. Si je m'arrête sur cet article, c'est que M. Wallerius attribue cette découverte à M. Scheele dans le *Tome II, page 10* de la nouvelle édition de son *Systema Mineralogicum*, qui parut en 1775. Voici ses termes :

Acidum minerale phosphoreum.

Est hoc ipsum acidum sal, recenter in fluoribus

---

d'Avril 1772 , une diatribe que M. l'abbé Rosier & Compagnie, produisirent entr'autres, contre moi, au sujet du spath fusible que j'avois qualifié de sel neutre composé d'acide phosphorique & de terre absorbante, *mineralibus phosphorescentibus detectum ; primus hujus acidi inventor Scheele indicavit proprietates in act. Stockolmensib. 1771.*

M. Wallerius, dans le Tome I du même Ouvrage, qui parut en 1772, dit, *page 18 5 :*

His scriptis & ad typum relictis ab act. Stockholm. 1771, reperii peritissimum pharmaceuticum D. W. Scheele fluores minerales accuratissime examinasse, suisque experimentis detexisse, hos lapides non nisi terrâ calcareâ & acido peculiari, quod ab iisdem, per distillationem, mediante acido vitrioli, vel nitri, aut salis communis separavit esse compositos, ab eodemque acido phosphorescentiam dependere.

Il est évident, par les citations que je viens de rapprocher, que M. Scheele n'avoit pas dit, en *1771*, que ce fût l'acide phosphorique qui fût principe du *spath fluor*, puisque ce Chimiste le désigne par *acid of spar*, acide du spath, & M. Wallerius, en *1772*, par *acidum peculiare*, acide particulier.

Au reste, M. Scheele, en *1771*, ne pouvoit pas plus avoir connoissance de mes expériences sur ce spath que je n'en avois des siennes, & je ne prétends pas lui enlever l'honneur d'une découverte déjà entrevue par le célèbre Margraff en *1768. Voyez* les Mémoires de l'Académie de Berlin pour la même année, Collection Académique, *Tome XII, page 281.*

Lorsque la terre abforbante, qui fe trouve en excès dans la pierre calcaire, a été faturée d'acide vitriolique, il en réfulte le *fpath féléniteux ;* fi c'eft la terre calcaire calcinée qui a été faturée d'acide vitriolique, il en réfulte l'*argile*, le *kaolin*, la *pierre ollaire* & l'*ardoife ;* toutes ces fubftances font par conféquent compofées d'une feule terre, qui eft l'abforbante, combinée avec deux acides différens.

Le gypfe eft un fel neutre, produit par la combinaifon de l'acide vitriolique avec la terre abforbante, & non avec la terre calcaire, comme tous les Chimiftes ne ceffent de le répéter, faute d'avoir diftingué avec affez de foin les différences effentielles qui font entre ces deux terres.

L'alkali fixe ayant auffi pour bafe la terre abforbante, & le quartz étant, fuivant moi, compofé d'acide vitriolique & d'alkali fixe, il en réfulte que la terre abforbante eft un des principes du quartz ; la même théorie s'étend au bafalte que je crois compofé d'acide phof-phorique & d'alkali fixe. Quant à la zéolite & à la marne, comme ce font des terres compofées de quelques-unes des fubftances précédentes, la terre abſorbante eſt donc également l'un de leurs principes conſtituans.

Quoique d'après ces principes , les pierres & les terres ſoient de vrais *ſels* , je leur laiſſerai les noms qu'on a coutume de leur donner pour ne pas introduire une nouvelle nomenclature.

Obſervations ſur la terre calcaire ou alkaline (d).

C'eſt un ſentiment qui paroît aujourd'hui reçu de tous les Phyſiciens , que la terre calcaire doit ſon origine à des ſubſtances animales ; les coquilles , les madrépores & autres corps marins qu'on y trouve en quantité , dépoſent en faveur de cette opinion.

Pour déterminer la manière dont s'eſt formée cette terre , il ne faut que ſe rappeler que les ſubſtances animales qui lui ont donné naiſſance étoient toutes eſſentiellement compoſées d'un ſel ammoniac phoſphorique , d'huile & de terre abſorbante ; lors de la putréfaction de ces

---

(d) Si je donne le nom d'*alkaline* à la terre calcaire , c'eſt qu'elle eſt compoſée d'acide phoſphorique & de terre abſorbante , de même que l'alkali proprement dit , la diſſolution de l'un & de l'autre de ces ſels verdit la teintu r bleue de violettes & décompoſe l'eau ſéléniteuſe.

substances animales, l'alkali volatil du sel ammoniac s'est dégagé ; l'acide phosphorique qui le neutralisoit, devenu libre alors, s'est combiné avec la terre absorbante, & il en est résulté cette nouvelle espèce de sel phosphorique avec excès de terre absorbante *(e)*, qu'on a nommé *terre* ou *pierre calcaire* ; la matière grasse, fournie en partie par l'huile qui étoit un des principes des substances animales, est ce qui rend ce sel insoluble dans l'eau.

La quantité de terre absorbante contenue dans la terre calcaire *(f)* y est tantôt plus, tantôt moins abondante, mais toujours avec excès. C'est à cet excès de terre absorbante qu'on doit attribuer la différence qui se rencontre dans les argiles ; c'est aussi en partie ce qui fait varier la qualité de la chaux vive.

La décoction de quelques pierres calcaires fournit un peu de sel marin, mais le sel calcaire

----

(e) Ce sel est dans son genre ce que le borax est aux autres sels neutres, je veux dire qu'il est avec excès de terre absorbante, de même que le borax est avec excès d'alkali.

(f) La terre, la pierre & le spath calcaires, sont composés des mêmes principes, & ne diffèrent que par la proportion, le plus ou le moins de cohérence de leurs parties & par la disposition plus ou moins régulière de ces mêmes parties.

ne fe diffout point dans cette opération; il faut pour le rendre foluble que la matière graffe ait été décompofée par la calcination.

La pierre calcaire décrépite lorfqu'on la calcine, j'ai remarqué que cet effet étoit plus ou moins marqué fuivant l'état où elle fe trouvoit: ainfi le fpath calcaire décrépite beaucoup plus que le marbre, & ce dernier plus que la pierre calcaire ordinaire.

Par la calcination, la pierre calcaire perd d'abord l'eau de fa criftallifation; c'eft cette eau qui, en s'échappant, foulève les lames falines & occafionne le bruit de la décrépitation; la matière graffe de la pierre calcaire s'altère enfuite, brûle & paffe à l'état de charbon; ce paffage eft très-fenfible lorfqu'on calcine du fpath jaunâtre tranfparent, car après cette opération il devient opaque & prend une couleur bleuâtre; fi l'on diftille cette efpèce de fpath dans une cornue de verre lutée, il n'y éprouve que ce genre d'altération fans fe convertir en chaux vive. J'ai tenu la cornue rouge pendant quinze heures, ce fpath n'avoit perdu que très-peu de fon poids & avoit pris une couleur bleuâtre par le charbon très-divifé qui fe trouvoit entre fes lames criftallines.

Ce même fpath, mis à calciner dans un têt,

H iv

devient blanc, alors le charbon, fourni par la matière graſſe, eſt totalement décompoſé, & le ſpath, ainſi converti en chaux, perd, durant cette opération environ la moitié de ſon poids ; cette chaux vive étant ſur-calcinée, perd ſes propriétés, l'acide qu'elle contenoit ſe diſſipe en partie & il ne reſte plus que la terre abſorbante un peu ſapide, mais qui n'a plus les propriétés de la chaux vive ; c'eſt ce que j'ai vérifié en tenant rouge & embraſée pendant cinq jours de la chaux vive que j'avois faite avec du ſpath calcaire ; après cette longue calcination elle ne s'échauffoit plus avec l'eau & ne prenoit plus corps avec le ſable.

Dans les fours où l'on calcine la pierre calcaire, on peut ſuivre & obſerver la décompoſition de la matière graſſe ; elle forme, en brûlant, une fumée noire & très-épaiſſe qui obſcurcit l'air. On emploie dans les environs de Paris du bois pour calciner la pierre à chaux, & l'on conſomme environ cinq mille fagots pour faire trente milliers de chaux vive ; les chaufourniers ſont très-attentifs à leur feu, parce que la pierre à chaux trop calcinée eſt moins bonne que celle qui n'a reçu que le dégré de calcination convenable.

Lorſqu'on diſtille de la pierre calcaire dans

une cornue de verre, il se dégage un acide volatil surchargé de phlogistique ; cet acide, fourni par la décomposition de la matière grasse *(g)* contenue dans la pierre calcaire, est réduit en vapeurs si expansibles, par le moyen du feu, que si l'on n'avoit pas soin de les coërcer par un alkali, ils romproient les vaisseaux qu'on auroit lutés avec trop de soin ; mais lorsqu'on a mis de l'alkali dans le récipient, on ne court aucun danger ; l'acide devenu libre, se combine immédiatement avec lui pour former un sel qui cristallise en cubes, & semblable à celui dont j'ai parlé dans mon Analyse des Blés sous le nom de *sel marin volatil.* Si au lieu des récipiens dont je viens de parler, on fait usage de l'appareil *chimico-pneumatique* de Halles, on aperçoit un déplacement d'eau très-considérable, ce qui a fait croire à plusieurs Physiciens, que c'étoit de l'air qui se dégageoit ; de-là le nom d'*air fixe* donné à un acide volatil qui n'est point de l'air & n'en contient point ; cette opinion, née en Angleterre, a depuis été adoptée par quelques François.

(g) Si l'on fond du *minium* avec six parties de terre calcaire, une portion de cette chaux se revivifie.

Cet acide volatil, furchargé de phlogiftique, eft plus pefant que l'air & le déplace au point que je crois pouvoir avancer que par-tout où cet acide fe rencontre en certaine quantité, l'efpace qu'il occupe eft privé d'air. L'expérience m'a convaincu que dans l'atmofphère de la cuve où fermente la bière & où s'éteint une lumière par la préfence d'un acide volatil analogue à celui dont je parle, il n'y a point d'air, quoiqu'on ait prétendu le contraire : on peut s'affurer en un inftant qu'il s'y trouve un acide en introduifant dans cette atmofphère de la teinture de tournefol, puifqu'elle y rougit auffi-tôt ; de plus, fi l'on y introduit un bocal avec de l'efprit alkali volatil faturé à froid, on obtient des criftaux d'une efpèce de fel ammoniac, dont j'ai parlé dans mes Mémoires de Chimie, *page 9 6 & fuiv.*

Je dois rappeler ici une expérience dont M. le Comte de Milli, de notre Académie, m'a fait part ; fi l'on reçoit dans un récipient les vapeurs très-élaftiques d'acide marin concentré qu'on dégage du fel marin décrépité, par le moyen de l'acide vitriolique, on peut les verfer invifiblement dans un vafe & les furverfer à la manière de l'acide volatil qu'on trouve dans l'atmofphère de la cuve ; comme lui, ces vapeurs éteignent à l'instant la bougie qu'on porte dans leur atmosphère ; elles rougissent la teinture bleue des végétaux & font cristalliser l'alkali fixe.

La chaux vive, nouvellement faite, imprime sur la langue une saveur caustique. Lorsqu'on verse un acide sur cette chaux, il se fait bien moins d'effervescence que si l'on en versoit sur la pierre calcaire même avant sa calcination. La théorie suivante peut servir à rendre raison de ces divers phénomènes. Dans la calcination de la pierre calcaire, l'eau de la cristallisation se dégage, la matière grasse qui rendoit cette pierre insoluble venant à se décomposer, l'acide de la pierre calcaire, qui pour lors est très-concentré, tend à s'en échapper & est à la surface de chaque molécule de terre absorbante ; aussitôt donc qu'on lui présente de l'humidité, il l'absorbe, & la chaleur, qui s'excite alors, est produite par l'union rapide de l'eau avec l'acide phosphorique très-concentré qui faisoit partie de la pierre calcaire.

Si après avoir trempé un morceau de chaux vive dans de l'eau on le retire aussitôt, l'eau est absorbée avec bruit, elle gagne le centre du morceau, & la chaleur, qui d'abord n'est pas sensible à la surface, est si forte dans le centre, qu'elle réduit en charbon dans un instant une paille introduite dans la gersure qui s'est formée *(h)*.

Il résulte de ce que je viens de dire, que l'effet caustique de la chaux vive est produit par son acide qui s'empare de l'eau avec une rapidité d'autant plus grande que la chaux vive est plus récemment cuite.

La chaux vive est soluble dans l'eau ; la dissolution qui en résulte a une saveur alkaline qui n'est nullement caustique ; cette dissolution a la propriété de verdir la teinture bleue de violettes ; l'eau de chaux doit être employée récemment faite, car la terre calcaire qu'elle tient en dissolution s'en dégage sous la forme de cristaux feuilletés, transparens, qu'on nomme *crême de chaux* ; ce sel est un vrai spath calcaire qui n'est plus soluble dans l'eau ; mais lorsqu'on le calcine, il décrépite, devient chaux vive & acquiert de nouveau la propriété de se dissoudre dans l'eau.

L'eau de chaux peut être décomposée par l'alkali fixe : chaque once laisse alors précipiter près de deux grains de terre absorbante & non

---

(h) Il faut que le morceau de chaux vive pèse dix à douze onces pour que cet effet soit bien sensible.

de terre calcaire, puifque cette terre ne produit plus de chaux vive par la calcination. La folution d'où s'eft fait ce précipité prend le nom de *leffive cauftique.*

L'alkali fixe, faturé de l'acide qui fe trouvoit comme partie conftituante dans la chaux vive, forme un fel neutre qui ne fait point effervecence avec les acides à caufe de fa combinaifon avec l'acide phofphorique *(i)*; ce fel eft verdâtre, expofé au feu dans un creufet, il fe bourfoufle, répand une odeur très-fétide & devient fluide comme de l'huile; fi on le verfe alors fur un porphire, on obtient une maffe grifâtre à laquelle on donne le nom de *pierre à cautère:* c'eft un fel cauftique & déliquefcent.

Si la pierre à cautère eft tenue long-temps en fufion dans un creufet, l'acide phofphorique fe diffipe, & il ne refte au fond du creufet que de l'alkali fixe très-blanc.

Durant l'évaporation de la leffive cauftique, il faut être en garde contre les vapeurs qui s'en dégagent vers la fin de l'opération; elles ont

---

(i) Ceux qui ont avancé, dans leurs Élémens de Chimie, que l'eau de chaux décompofée par l'alkali fixe fournifloit, par l'évaporation, du tartre vitriolé & du fel de Glauber, ont employé, pour préparer leur eau de chaux, de l'eau féléniteufe.

une odeur lixivielle & feroient périr ceux qui se tiendroient dans leur atmosphère sans avoir pris la précaution de se ménager un courant d'air ; on est averti du danger par des étourdissemens auxquels succède une migraine affreuse ; je l'ai une fois éprouvé avec dix personnes qui se trouvoient alors avec moi dans mon laboratoire. Quant à l'odeur fétide qui se dégage avant la fusion de la pierre à cautère, elle n'est point dangereuse.

L'alkali de la soude, saturé de l'acide phosphorique de la chaux vive, forme la lessive caustique qu'on emploie pour faire le savon, ce qui la fait aussi nommer *lessive des savonniers.*

Il y a plusieurs manières d'éteindre la chaux vive, c'est-à-dire de déterminer l'acide phosphorique, qui est presque à nu dans la chaux vive, à se reporter sur la terre absorbante qui lui sert de base ; la chaux cesse alors d'être caustique, & elle acquiert des propriétés différentes selon la manière dont on a procédé à son extinction ; on peut les réduire à trois, qui sont :

La chaux éteinte { à l'air.
à la Françoise.
à la Romaine.

Chaux étcinte à l'air.

La chaux vive expofée à l'air en attire l'humidité, fe gerce, fe divife en fragmens qui fe réduifent enfin en une poudre blanche, qu'on connoît fous le nom de *chaux éteinte* ou *fufée (k)* ; par cette opération, la chaux perd fa faveur cauftique & augmente d'environ cinq onces par livre ; cette chaux ainfi éteinte à l'air, n'eft que peu fapide & peut être comparée à de la craie.

Chaux éteinte à la Françoife.

C'eft celle qu'on emploie dans nos bâtimens ; les maçons la préparent en verfant de l'eau fur un tas de chaux vive *(l)* qu'ils ont mis dans un creux qu'ils nomment *fourneau* ; ils ajoutent de l'eau & agitent la chaux jufqu'à ce qu'elle foit très-divifée & en confiftance de bouillie ; on la reçoit alors dans de grands creux, où on

---

(k) On ne remarque point durant ce temps de chaleur fenfible dans la chaux vive, quoiqu'elle s'uniffe à l'humidité de l'air.

(l) On reconnoît la bonne qualité de la chaux vive à la vivacité avec laquelle elle abforbe l'eau, & à la chaleur qui fe manifefte durant fon extinction.

la conserve en prenant soin de la couvrir pour la garantir de l'humidité.

La chaux éteinte de cette manière, peut prendre corps avec le sable, propriété que n'a pas la chaux qui a fusé à l'air; mais la chaux éteinte à la Romaine, comme on le verra dans l'article suivant, mérite à tous égards la préférence par la solidité qu'elle procure au mortier qui en est fait; il faut espérer que l'on abandonnera une routine aveugle pour suivre un procédé plus simple, moins embarrassant & plus avantageux que celui auquel on s'est fixé jusqu'à présent.

Manière d'éteindre la chaux vive pour en préparer le mortier des Anciens.

C'est à M. de la Fay que l'on est redevable de ce procédé intéressant, tombé en désuétude parce qu'on avoit mal interprété Pline & Vitruve. Pour avoir un bon mortier, tout dépend, suivant lui, de la manière dont se fait l'extinction de la chaux : voici le moyen qu'il indique comme le seul convenable.

On met la chaux vive nouvellement cuite dans des paniers, on la plonge sous de l'eau pure & on la retire aussitôt ; on l'étend alors

sur

ſur l'aire d'un plancher où elle éclate, s'échauffe, répand des vapeurs & ſe diviſe ; vingt-quatre heures après, on prend les morceaux qui n'ont pas fuſé, on les trempe ſous l'eau comme la première fois & on les expoſe à l'air où ils ne tardent pas à fuſer ; on rejette les morceaux qui ne ſe ſont pas diviſés.

Un tonneau de chaux vive ainſi éteinte rend trois tonneaux.

Pour faire un mortier à ſable, on met trois tonneaux de cette chaux éteinte contre ſix tonneaux de ſable de rivière ; on mêle ces deux ſubſtances, on y ajoute enſuite aſſez d'eau pure pour leur donner la conſiſtance convenable.

Pour préparer le mortier avec les recoupes calcaires, on prend une partie de chaux éteinte contre trois de recoupes, & après les avoir mêlées enſemble, on y ajoute l'eau. Ce mortier, lorſqu'il eſt deſſéché, devient ſonore & imperméable à l'eau, il eſt même difficile de diſtinguer cette pierre artificielle de la belle pierre calcaire. Parties égales de recoupes de chaux éteinte & de ſablon, forment une pierre trèsdure après que ce mortier a été deſſéché.

L'eau de puits étant ordinairement ſéléniteuſe, il faut avoir attention d'employer de l'eau de rivière pour préparer la chaux & le mortier dont il s'agit *(m)*.

Ces différens mortiers restent mous l'espace de cinq ou six jours, durant lequel on peut les battre pour donner aux enduits plus de solidité ; il faut aussi avoir l'attention de ne construire avec ces mortiers que dans un temps sec ; au bout de deux mois ils ont acquis toute la solidité dont ils sont susceptibles.

On peut bâtir avec des cailloux *(n)* en faisant usage de la même quantité de chaux que pour le sable de rivière, mais alors il faut élever les murailles par encaissement & ne pas faire usage de cailloux encroûtés, parce que le mortier ne prend pas dessus.

Pour peindre à fresque sur ce mortier nouvellement appliqué, il faut détremper les couleurs avec de l'eau de chaux.

Pour donner au mortier une couleur blanche & luisante comme le marbre, il suffit d'enduire sa surface d'une couche légère de chaux éteinte

---

(m) L'eau de chaux décompose l'eau séléniteuse, l'acide vitriolique abandonne alors la terre absorbante pour se porter sur la terre calcaire, & il se forme une espèce de spath séléniteux.

(n) Il faut que les plus gros cailloux ne le soient pas plus que le poing, & avoir soin de bien battre ce mortier,

à la Romaine *(o)* ; on la laisse sécher jusqu'à ce qu'elle ne tienne plus aux doigts ; puis on la frotte avec la main ou avec un gant jusqu'à ce qu'elle prenne un beau poli, qui ne s'altère ni par l'eau ni par l'injure du temps.

Cette chaux éteinte ainsi, peut s'appliquer aussi-bien sur la pierre calcaire que sur le mortier ; c'est à ce que je crois le blanc des Carmes.

Craie, Terre calcaire ou alkaline.

La terre calcaire très-divisée est connue sous le nom de *craie* ; elle varie dans sa couleur suivant la nature des substances avec lesquelles elle est mêlée ; mais lorsqu'elle est pure, elle est blanche & entièrement soluble, avec effervescence dans l'acide nitreux.

On trouve en France, & dans d'autres contrées, des montagnes de craie disposées par couches, dans lesquelles il n'est pas rare de rencontrer des parties d'échinites & d'autres coquilles, des cailloux, des pyrites, & même

---

(o) On bat, dans un mortier de marbre, cette chaux éteinte avec une quantité d'eau suffisante pour la réduire en consistance de pâte ; on l'étend ensuite d'assez d'eau pour la rendre liquide comme du lait, & on ne l'emploie que vingt-quatre heures après l'avoir préparée.

des veines de terre martiale. On fépare facilement tous ces corps étrangers, de la craie qui
les contient, en la délayant dans de l'eau, où
elle fe divife fans s'y diffoudre ; on furvide
cette eau qui tient la craie fufpendue, puis on
la laiffe repofer jufqu'à ce que la craie fe foit
précipitée ; alors on décante l'eau, & dès que
la terre calcaire a pris affez de confiftance, on
en forme de petits cylindres connus dans le
commerce fous le nom de *blanc d'Efpagne* ;
quelquefois on les colore en rouge avec de
l'ocre martiale, & on leur donne improprement
le nom de *tripoli*.

On trouve fouvent dans des cavités à la
furface de la terre, ou dans fon intérieur, de
l'eau mêlée avec de la craie, c'eft ce qu'on
nomme *guhr (p)* ou *craie coulante*. L'eau, en
s'évaporant, abandonne la craie qui, lorfqu'elle
eft en poudre très-fine, prend le nom de
farine foffile, & ceux de *lait de lune*, *d'agaric
minéral* & de *finter* lorfqu'elle eft en maffes
légères & poreufes plus ou moins folides.

Le *guhr* en s'infiltrant dans des grottes fou-
terraines, y dépofe la craie dont il eft chargé

(p) Le mot allemand *guhren* fignifie fourdre, fortir de
terre comme les eaux.

& produit des concrétions de différentes formes, qu'on nomme *ftalaétites* quand elles adhèrent aux parois supérieures des grottes, & *ftalagmites* quand elles en tapiſſent le ſol. Les ftalaétites produites par ce *gurh* calcaire ſont toujours opaques & poreuſes ; celles qui ſont compaétes & de la nature du ſpath ont été formées par de la terre calcaire tenue en diſſolution dans de l'eau ; or il eſt bon de remarquer que la terre calcaire n'acquiert cette propriété de ſe diſſoudre dans l'eau qu'après avoir été calcinée, ce qui peut arriver dans la Nature par la défla-gration des pyrites ou par toute autre voie. Boyle parle d'une craie blanche trouvée en Angleterre qui s'échauffe conſidérablement avec l'eau ; c'eſt vraiſemblablement une *chaux native. Voyez* le Commentaire de Hill ſur Théophraſte, *page 2 0 9 & ſuiv.*

Lorſqu'on diſtille de la craie dans une cornue de vèrre au fourneau de reverbère, il s'en dé-gage un acide volatil qui forme avec l'alkali fixe une eſpèce de ſel fébrifuge ſemblable à celui qui réſulte de l'union de l'alkali fixe avec l'acide marin, ſi connu ſous le nom d'*air fixe.* On peut s'aſſurer qu'il n'y a point d'acide à nu dans cette craie avant ſa diſtillation, puiſ-qu'en la lavant alors dans de l'eau diſtillée,

cette leſſive ne rougit point la teinture de tourneſol & ne verdit pas la teinture bleue de
violettes ; mais ſi l'on verſe dans cette leſſive
de la diſſolution de nitre mercuriel, il ſe fait
un précipité blanc, & de la lune cornée ſi l'on
y verſe de la diſſolution de nitre lunaire. Par
l'évaporation, cette même leſſive m'a produit
du ſel marin & pas un atome de ſel à baſe
terreuſe.

La craie diſtillée dans une cornue de verre,
tenue rouge pendant huit heures, ne paſſe
point à l'état de chaux vive, elle ſe calcine
au contraire ſi on la diſtille dans une cornue
de grès. Cette différence dans le produit ne
vient que de la différence des vaiſſeaux dont
on s'eſt ſervi ; ceux de grès, comme plus
poreux, laiſſent à l'air extérieur un accès ſans
lequel la calcination ne peut avoir lieu, ainſi
qu'on l'obſerve lorſqu'on emploie des cornues
de verre.

Pierre calcaire (q).

La pierre calcaire ne diffère de la craie que
par la cohérence de ſes parties & en ce qu'elle
n'eſt pas perméable à l'eau.

(q) Cette pierre étant calcinée, fournit la chaux vive,

On trouve la pierre calcaire à différentes profondeurs dans le sein de la terre, quelquefois même à la surface ; elle est toujours accompagnée d'argile & se rencontre souvent entre deux lits de cette terre. Les bancs de pierre calcaire diffèrent par leur dureté, leur épaisseur & le plus ou le moins de dégradation des corps marins qui les composent. Les carrières d'où l'on tire la pierre calcaire sont formées de différens bancs, & ceux-ci de couches qui se séparent quelquefois d'elles-mêmes, c'est ce qui fait que ce genre de pierres s'exfolie souvent à l'air.

La solidité de la pierre calcaire paroît devoir être attribuée à une espèce de cristallisation ; mais pour en avoir été susceptible, il faut que la terre calcaire ait éprouvé l'action du feu, qui, après avoir détruit une portion de sa matière grasse, a rendu ses autres parties solubles dans l'eau ; elle s'y est alors cristallisée de différentes manières suivant l'évaporation plus ou moins prompte de l'eau qui la tenoit en dissolution ; cette cristallisation est confuse dans la pierre calcaire.

On a donné différens noms à la pierre calcaire, dont la plupart sont relatifs aux divers corps marins qu'on y rencontre ; on la nomme en général *coquillière* lorsqu'elle renferme des coquilles de divers genres , *numismale* ou *frumentaire* lorsqu'elle est composée d'un amas de petites coquilles orbiculaires , renflées dans leur milieu , nommées vulgairement *liards de Saint Pierre* , & qui , suivant le sens dont la pierre a été cassée , présentent des surfaces rondes ou ovoïdes ; dans ce dernier cas elles imitent assez bien la coupe longitudinale d'un grain de froment. Presque toutes les pierres calcaires des environs de Noyon & de Salency , petit village à quelques lieues de cette ville , sont formées de numismales *(r)*.

La pierre calcaire est tendre au sortir de la carrière ; si elle éprouve alors un degré de froid considérable , elle se brise avec bruit ; cet effet est produit par la congélation de l'eau dont elle a été pénétrée dans l'intérieur de la terre & qui n'a pas encore eu le temps de s'évaporer. Il y a des pierres calcaires qui perdent leur consistance & se délitent lorsque cette eau

---

(r) La numismale est une espèce de coquille fossile , dont l'analogue vivante est encore inconnue ; son intérieur offre des spirales cloisonnées , si rapprochées les unes des autres qu'elles paroissent autant de cercles concentriques.

s'évapore ; d'autres au contraire fe durciſſent & acquièrent de la blancheur.

Les pierres calcaires ſont en général d'un blanc jaunâtre ; celles d'un tiſſu ſerré & d'un grain fin ſont préférées pour la bâtiſſe à celles qui contiennent des coquilles dont l'intérieur eſt ſouvent creux.

Marbre (ſ).

On nomme *marbres* les pierres calcaires ſuſceptibles du poli ; je ne connois de marbres purs que le blanc & le noir , les autres eſpèces ſont des mélanges de différentes terres , colorées par des ſubſtances métalliques , mélanges dont la pierre calcaire n'eſt pour ainſi dire que la gangue *(t)* ; on peut en quelque ſorte comparer ces marbres , ſur-tout ceux qu'on appelle *brèches* , à la pierre compoſée , qu'on nomme *granite* , où le *feld ſpath* , lequel n'eſt autre choſe qu'un quartz feuilleté , ſert d'enveloppe à du mica , à du ſchorl , &c.

(ſ) Marbre , *marmor* , de μαρμαίρειν , reluire , briller. Les Anciens donnoient le nom de *marbre* à pluſieurs ſubſtances qui prenoient un poli vif.

(t) On nomme *gangue* dans les mines les terres ou pierres étrangères à la nature des ſubſtances minérales ou métalliques qu'elles contiennent.

Les cristaux imperceptibles dont le marbre est composé sont beaucoup plus fins & plus rassemblés que ceux de la pierre calcaire.

PREMIÈRE ESPÈCE.

Marbre blanc, *Marbre statuaire*.

Il est d'un tissu plus ou moins compacte, & il s'en trouve de demi-transparent *(u)* ; on préfère le marbre blanc de Carare, sur les côtes de Gènes, à celui des Pyrénées dont le grain est moins fin.

DEUXIÈME ESPÈCE.

Marbre noir, Paragone *des Italiens*.

Sa couleur est plus ou moins foncée ; on y trouve souvent des veines de marbre blanc.

Ces deux espèces, le marbre noir & le marbre blanc, lorsqu'ils ne contiennent pas de matières étrangères, sont solubles en entier dans l'acide nitreux *(x)*, l'un & l'autre fournissent par la

---

(u) On peut colorer le marbre par le moyen des dissolutions métalliques.

(x) On trouve à la surface de la dissolution du marbre noir, une matière grasse, & au fond une substance noire inflammable.

calcination la meilleure chaux vive, pourvu qu'ils n'aient pas été fur-calcinés.

La couleur du marbre noir n'eft pas dûe à des fubftances métalliques ; ayant diftillé une partie de ce marbre avec huit parties de fel ammoniac, il s'eft dégagé de l'alkali volatil, mais le fel ammoniac qui s'eft fublimé étoit blanc, & ne contenoit point de fer.

La couleur noire de ce marbre me paroît avoir été produite par la réaction de l'acide phofphorique de la terre calcaire fur la matière graffe qui s'y rencontre.

TROISIÈME ESPÈCE.

Marbre bleu.

Il doit fa couleur à un peu de fer ; on nomme *bleu turquin* le marbre bleu mêlé de blanc fale qui vient des côtes de Gènes.

QUATRIÈME ESPÈCE.

Marbre rouge.

Il doit auffi fa couleur au fer ; on nomme *brocatelle* celui qui eft panaché de jaune & de blanc.

CINQUIÈME ESPÈCE.

Marbre coquillier.

Il n'est pas rare de trouver dans les marbres des corps marins qui n'ont point perdu leur configuration ; dans quelques-uns ce sont des cornes d'ammon ; dans d'autres, nommés *lumachella (y)* par les Italiens, c'est un amas de petites coquilles dont on distingue difficilement les formes ; d'autres renferment des bélemnites, des entroques, des madrépores, &c.

SIXIÈME ESPÈCE.

Marbre vert.

Sa couleur, mêlée de diverses nuances de vert sombre, est dûe au fer *(z)*. Ce marbre contient souvent de la pierre ollaire, du mica & de la pyrite martiale ; il est par cette raison moins propre que les précédens pour faire de la chaux.

(y) Ce mot, qui signifie *petit limaçon*, répond à notre mot françois coquillier.

(z) M. Deromé Delisle est je crois le premier qui ait observé que la plupart des marbres verts, & plusieurs autres pierres dures de cette couleur, telles que l'ophite ou serpentin, le jade vert, &c. étoient attirables à l'aimant,

Le vert antique *(a)* & le marbre campan font dans cette claffe.

SEPTIÈME ESPÈCE.

Brêche.

On donne le nom de *brêches* aux marbres compofés de morceaux de différentes couleurs & grandeurs ; le fond de ce marbre eft ordinairement rougeâtre ou violet à taches jaunes.

La brêche, après avoir été calcinée , produit une chaux qui prend une couleur noirâtre.

On peut féparer la terre martiale & l'argile contenues dans la brêche par l'acide nitreux qui diffout la partie calcaire de ce marbre.

HUITIÈME ESPÈCE.

Marbre de Florence.

Ce marbre, qui approche de la nature des pierres fiffiles, eft plus compacte & d'un grain plus fin que les précédens ; il offre ordinairement fur un fond d'un gris fale , des

---

(a) Par *marbre antique* , on entend ceux dont les carrières font perdues ou inconnues.

M. Bayen a fait connoître , par des expériences intéreffantes , qu'il y a des marbres qui contiennent du fchifte , du quartz , du mica , de la terre fed.tzienne , &c.

deſſins d'un jaune brun , qui repréſentent tantôt des arbriſſeaux , tantôt des montagnes, des villes , des tours qui l'ont fait auſſi nommer *pierre de ruines.*

NEUVIÈME ESPÈCE.

Marbre de Heſſe.

On y trouve des dendrites noirâtres ſur un fond d'un blanc ſale.

Les couleurs de ces deux ſortes de marbre ſont dûes à de la terre martiale ; l'un & l'autre contiennent de l'argile.

On a donné aux marbres beaucoup de noms différens à raiſon de leurs diverſes couleurs & du mélange de ces couleurs ; je ne les rappellerai point ici parce que ces mélanges vont à l'infini.

Les carrières de marbre ſont diſpoſées par couches comme celles des autres pierres calcaires ; étant moins poreux que la pierre calcaire, il eſt auſſi plus peſant & plus dur , & n'eſt point ſujet à s'exfolier comme elle.

Les Sculpteurs ont donné différens noms aux défauts du marbre ; lorſqu'il eſt dur & ſujet à s'éclater , ils le nomment *fier ;* quand il a des filets , *filardeux ;* s'il ne retient pas ſes arêtes, *pouf*; & *terraffeux*, quand il a des tendres qu'on appelle *terraffes* & qu'il faut remplir avec du maftic.

Spath calcaire (b).

Le fpath blanc tranfparent doit être confidéré comme la pierre calcaire la plus pure ; il fe diffout entièrement dans l'acide nitreux, décrépite lorfqu'on l'expofe au feu, & produit, par la calcination, l'une des meilleures chaux connues. La bonne qualité de la chaux dépendant en partie de la pureté de la pierre qu'on calcine, la chaux qu'on obtient du marbre blanc ou du marbre noir eft préférable à celle de la pierre à chaux commune, & celle de la pierre à chaux vaut mieux que celle qu'on feroit avec de la craie.

Le fpath calcaire en criftallifant prend différentes formes ; les plus fréquentes font la rhomboïdale & la prifmatique hexagone tronquée, fouvent terminée par des pyramides hexagones ou triangulaires.

(b) Spath ou fpar.

Spars fignificant fluores. Boyle, de gemmarum origine, page 30.

PREMIÈRE ESPÈCE.

Spath calcaire rhomboïdal.

Ce spath est composé de lames rhomboïdales, qui jusque dans leurs plus petits fragmens, présentent exactement la même forme.

Il varie dans sa couleur & dans sa transparence ; lorsqu'il est blanc & diaphane, on voit qu'il a la propriété de faire paroître les objets doubles, & on lui donne alors le nom de *cristal d'Islande*. Tous les spaths rhomboïdaux ont en général cette propriété, qu'ils doivent à l'obliquité des lames qui les composent, mais elle n'est bien sensible que dans ceux qui sont blancs & transparens. M. Deromé Delisle dit, *page 115* de sa Cristallographie : « Que selon l'épaisseur

» plus ou moins considérable du prisme du

» *cristal d'Islande*, la distance entre les deux

» images est plus ou moins grande ; de sorte

» que dans les morceaux les plus minces, cette

» différence devient presque nulle. Lorsqu'on

» examine avec attention cette double réfraction

» des objets, on s'aperçoit que les deux images

» ne se trouvent point dans le même plan,

» mais qu'il y en a toujours une plus haute

» que l'autre ; qu'il y a aussi une position où

» l'objet

l'objet paroît fextuple, & une autre où cette «
image paroît fimple, comme dans tout autre «
criftal. »

DEUXIÈME ESPÈCE.

Spath calcaire rhomboïdal en groupes.

Ce font des cubes à peu-près rectangles,
dont chacune des faces eft partagée diagonalement en deux triangles ifofcèles, ftriés, d'où
réfulte un dodécahèdre à plans triangulaires.

On trouve des groupes de ces criftaux dans
les mines de plomb de Glanges en Limofin.

TROISIÈME ESPÈCE.

Spath calcaire prifmatique hexahèdre,
tronqué aux deux bouts.

Ses côtés font égaux ou inégaux, liffes ou
ftriés. *Voyez* les variétés de ce fpath, décrites
dans la Criftallographie, *page 1 2 0.*

QUATRIÈME ESPÈCE.

Spath calcaire en prifmes à douze pans.

Ses criftaux n'ont fouvent qu'une à deux
lignes d'épaiffeur fur huit à dix de diamètre;

ce ne font que des fegmens de prifmes hexahèdres dont les fix angles folides font tronqués,
ce qui les a fait regarder par M. Delifle comme
une variété de l'efpèce précédente.

Ce fpath, qui eft rougeâtre & quelquefois
groupé, vient d'Efpagne.

CINQUIÈME ESPÈCE.

*Spath calcaire prifmatique, hexahèdre, terminé
par deux pyramides triangulaires, obtufes,
placées en fens contraire.* M. Deromé
Delifle, Criftallographie, Efpèce VII,
pages 122 & 123.

J'ai une géode quartzeufe, dans l'intérieur
de laquelle on voit des criftaux de ce fpath qui
ont fix pouces de longueur fur fix lignes de
diamètre.

SIXIÈME ESPÈCE.

*Spath calcaire en prifmes à fix pans, terminés
par une pyramide hexahèdre tronquée.*

Les plans de la pyramide font alternativement
triangulaires & hexagones, le fommet eft triangulaire.

Ce spath demi-transparent & rougeâtre, a été trouvé dans les mines de cinabre du duché des Deux-Ponts.

SEPTIÈME ESPÈCE.

Spath calcaire lenticulaire.

Quelquefois c'est un prisme court, hexa-hèdre, terminé par deux pyramides obtuses à trois pans : « Souvent le prisme manque, il est seulement indiqué par six plans triangu- « laires à la base des pyramides, qui sont « jointes de manière que les angles de l'une « des bases divisent également les côtés de la « base opposée. » M. Deromé Delisle, Cristal-lographie, espèce VII, art. 5, *page 123.*

On trouve du spath lenticulaire qui renferme de la pyrite martiale dans le sommet de sa pyramide.

HUITIÈME ESPÈCE.

Spath calcaire pyramidal hexahèdre, formé de deux pyramides hexahèdres égales, engagées par leurs bases en sens contraire.

On a donné à ces cristaux le nom de *dents de cochon;* ils sont très-communs dans les mines.

NEUVIÈME ESPÈCE.

Spath calcaire strié.

C'est un assemblage de prismes dont la couleur & la grosseur varient, en masses plus ou moins considérables, striées & quelquefois rayonnées dans leur cassure ; il s'en trouve de noir & d'une odeur désagréable, celui-ci doit cette propriété, ainsi que sa couleur, au pétrole qu'il contient ; c'est la pierre porc prismatique, le *lapis suillus* des Suédois *(c)*.

Il y a du spath strié, composé de filets très-fins & comme soyeux, qui lui donnent l'apparence de la zéolite ; M. Pazumot a trouvé de ce spath à Marcouin près de Volvic, dans le centre de différens basaltes grumeleux qui sont en état de décomposition.

(c) C'est de cette espèce dont Wallerius a voulu parler, lorsqu'il dit, dans la seconde édition de sa Minéralogie : *Lapis suillus distillatus largitur liquorem fœtidum qui sirupum violarum tingit colore viridi & cum acidis effervescit. Oleum graveolens quale à lithantracibus vel schisto pinguiori obtineri solet, nigrum : in capite mortuo vestigia salis communis reperiri solent, nullum itaque est dubium, quin odor fœtidus, sub triturâ dependeat a bituminosâ materiâ cum volatili sale combinatâ.* Syst. miner. T. I, page 143.

DIXIÈME ESPÈCE.

Spath calcaire, compacte, bleuâtre & fétide, nommé pierre-porc *ou* pierre puante.

Ce spath, composé de petits feuillets bleuâtres, répand, lorsqu'on le frotte, une odeur des plus fétides, produite par un foie de soufre phosphorique ; cette odeur se développe également par le moyen de l'acide nitreux affoibli.

Il ne faut pas confondre cette espèce avec le spath empreint de pétrole, auquel les Minéralogistes Suédois ont donné le nom de *pierre-porc*, & dont j'ai parlé dans l'espèce précédente.

ONZIÈME ESPÈCE.

Spath calcaire cylindrique & fistuleux.

Ces cylindres, creux pour l'ordinaire, sont transparens & composés de petites lames rhomboïdales ; leur diamètre, qui est d'une ligne & demie, est égal dans toute leur longueur, qui est souvent de cinq ou six pouces, c'est une sorte de stalactite.

DOUZIÈME ESPÈCE.

Stalactite calcaire rameuse.

Ce spath opaque, connu vulgairement sous le nom de *flos ferri*, est remarquable par la disposition & l'entrelassement des cylindres ou cônes très-alongés qui le composent.

Les rameaux de cette espèce de stalactite n'ont ordinairement pas plus de deux lignes & demie de diamètre; on voit, en les cassant, qu'ils sont striés du centre à la circonférence.

TREIZIÈME ESPÈCE.

Stalactite, Stalagmite, Albâtre calcaire, Ammite, Pisolite, Oolite.

Lorsqu'après une calcination naturelle, la terre calcaire dissoute & chariée par les eaux, s'infiltre dans les cavités souterraines, elle y cristallise de différentes manières & forme des concrétions qu'on nomme *stalactites*; la plupart sont trouées dans leur centre & sont cristallisées plus régulièrement vers la pointe que vers la base par laquelle elles adhèrent à la voûte des grottes; la cause de ce phénomène est que l'eau parvenue à l'extrémité inférieure de la ſtalactite, après avoir dépoſé ſur ſon paſſage une partie de la terre calcaire dont elle étoit chargée, ſe trouve plus pure vers la pointe, ce qui permet aux molécules calcaires, dont elle eſt encore chargée, de s'y raſſembler avec plus de régularité. Quant au trou qu'on remarque dans l'intérieur de la plupart des ſtalactites, il ſert de paſſage à l'air & même à l'eau juſqu'à ce qu'il ſoit obſtrué par l'accès continuel de nouvelles molécules calcaires qui ſouvent ne l'obſtruent qu'à ſon origine ; il ſubſiſte alors dans le reſte de la ſtalactite, & l'eau contrainte de refluer par le haut, coule dans ce cas le long des parois extérieures, ce qui accroît de plus en plus le volume de la ſtalactite & ſa longueur.

Les ſtalagmites ne diffèrent des ſtalactites que par leur forme mamelonée & par leur poſition ſur le ſol des grottes, dans un ſens contraire aux précédentes ; elles ne ſont point trouées dans leur centre lorſqu'elles s'élèvent en cône, mais pour l'ordinaire elles ſont diſpoſées par couches & prennent le nom d'*albâtre calcaire* lorſqu'on y remarque des zones ou des taches de différentes couleurs. Ces ſtalactites & ſtalagmites ſont tantôt opaques & tantôt demi-tranſparentes.

K iv

Quand plusieurs petites stalagmites rondes à couches concentriques sont rassemblées, & qu'il en résulte des masses, on leur donne différens noms suivant la grosseur des grains qui les composent : si ces grains ne sont pas plus gros que la tête d'une épingle, on les nomme *ammites* ; s'ils égalent la grosseur des pois, *pisolites* ; s'ils sont plus considérables, *oolites*, *dragées de Tivoli*, &c.

Incrustations.

L'eau qui tient en dissolution de la terre calcaire, dépose les molécules de ce sel sur les différens corps qu'elle rencontre, ce qui produit des *incrustations*.

Dans la dissolution des sels quelconques, il y a toujours une partie de ces sels qui se décompose ; la portion d'acide qui s'altère donne naissance à une matière grasse ou de nature huileuse ; ainsi dans la dissolution de la terre calcaire, c'est à une decomposition semblable de l'eau de chaux qu'est dûe la cristallisation rapide qui se forme à la surface & qu'on connoît sous le nom de *crême de chaux*. C'est comme je l'ai déjà dit un vrai spath régénéré.

Géodes calcaires.

On donne le nom de *géodes* à des masses de pierres ordinairement isolées & de différentes grosseurs, dans l'intérieur desquelles est une cavité le plus souvent tapissée de cristaux. Lorsqu'une dissolution saline séjourne dans une cavité, si l'eau vient à s'évaporer, elle entraîne le long des parois les molécules salines dont elle est chargée; celles-ci se rapprochent & cristallisent, de-là les géodes; elles sont intérieurement tapissées de cristaux calcaires ou quartzeux, selon la nature des sels qui y étoient tenus en dissolution.

Ludus helmontii.

C'est une pierre calcaire en masse sphéroïdale, fort comprimée, dont l'épaisseur diminue vers les bords, ce qui lui donne assez de ressemblance avec un pain rond; on remarque sur cette pierre des cloisons spatheuses plus ou moins élevées depuis une ligne jusqu'à cinq, qui forment sur l'une ou l'autre de ses surfaces, & souvent sur les deux des compartimens polygones de toutes sortes d'angles & de différens diamètres, mais grands pour la plupart; ces cloisons pénètrent aussi dans l'intérieur de la masse qu'elles partagent en plusieurs polygones, dont les interstices sont ordinairement tapissés de petits cristaux calcaires. On trouve des *ludus helmontii* formés d'un assemblage de prismes à quatre, cinq, six, sept & huit pans serrés les uns contre les autres & séparés par des cloisons spatheuses d'une ligne d'épaisseur.

Spath fusible ou phosphorique.

La terre calcaire, saturée d'acide phosphorique, forme un sel neutre, connu sous les noms de *spath fusible*, de *fluor* & de *spath vitreux* : les deux premières dénominations lui ont été données parce qu'il sert de fondant dans le traitement des mines, & la dernière parce qu'il est d'un grain fin & serré dans sa fracture qui a l'apparence du verre cassé.

Ce spath ressemble par sa couleur à plusieurs espèces de pierres précieuses dont il a quelquefois l'éclat & la transparence, mais jamais la dureté; il y a du spath fusible blanc, jaune, rouge, bleu, vert & violet; toutes ces couleurs se trouvent quelquefois rassemblées dans le même morceau; cette pierre est susceptible d'un assez beau poli à peu-près comme le marbre, mais elle paroît toujours *étonnée* ou *gercée* dans son tissu.

Le spath fusible coloré réduit en poudre &

jeté sur les charbons ardens, rend une lumière phosporique de diverses nuances *(d)* & ne la recouvre plus. Si au lieu de le réduire en poudre on l'expose au feu dans un creuset en morceaux grossièrement concassés, il décrépite, se divise en parcelles, perd sa couleur & peu sensiblement de son poids; mais lorsqu'après avoir été refroidi on le met ensuite sur des charbons ardens, il ne laisse plus de trace lumineuse & ne décrépite plus.

Quoique le spath fusible soit un sel neutre composé d'acide phosphorique & de terre absorbante, il ne s'altère pas sensiblement au feu même le plus fort, il ne s'y vitrifie point, à moins qu'il ne soit mêlé avec des terres métalliques ou avec du quartz, de la terre calcaire ou de l'alkali fixe; il entre alors très-promptement en une fusion fluide & produit de très-bon verre; on doit attribuer cette propriété, de même que la pesanteur de ce spath, à l'acide phosphorique qu'il contient.

Le spath fusible qui résiste à l'action du feu peut être décomposé par le moyen des acides vitriolique, nitreux & marin, décomposition

---

(d) Il n'y a que la poudre de diamans qui produise un effet semblable.

qui ne s'opère que par l'intermède du phlogistique contenu dans ces acides. L'acide du spath
fusible est de la nature de celui du sel fusible ;
cet acide phosphorique si pesant s'altère très-
promptement en s'unissant au phlogistique contenu dans les autres acides ; il devient par cette
union fumant, très-volatil, & répand une odeur
à peu-près semblable à celle de l'acide marin ;
je le nomme *acide phosphorique volatil fumant*,
celui qu'on obtient par la déflagration du phosphore est semblable à celui qu'on retire du
spath fusible par le moyen des acides ; l'un &
l'autre corrodent le verre, mais l'action du
dernier est plus sensible parce qu'il est plus
chargé de phlogistique.

Pour retirer du spath fusible l'acide phosphorique volatil fumant dans le plus haut degré
de pureté possible, il faut employer l'huile de
vitriol blanche ; les acides nitreux & marin étant
très-volatils, pourroient passer dans la distillation
& se mêler aux vapeurs de l'acide phosphorique
volatil fumant ; le meilleur moyen pour avoir
celui-ci pur, lors même qu'on fait usage d'huile
de vitriol, est donc de ne point employer de
feu en procédant de la manière suivante.

On met dans une cornue de verre lutée trois
onces de spath fusible ; après y avoir versé

trois onces d'huile de vitriol & l'avoir placée dans un fourneau de reverbère , on adapte à cette cornue un récipient dans lequel on a mis deux onces d'eau distillée ; il se dégage d'abord une quantité considérable de vapeurs blanches, d'une odeur à peu-près semblable à celle de l'acide marin ; ces vapeurs continuent à passer pendant quatre jours sans qu'il y ait de feu dans le fourneau ; le bec de la cornue est alors ter-miné par une houppe de cristaux irréguliers , disposés en mamelons, qui en remplissent l'orifice & y forment un bourlet épais d'un doigt à la circonférence ; le cinquième jour si l'on ôte le récipient , on trouve à la surface de l'eau *(e)* une lame de cristaux formés par l'acide phos-phorique du spath & la terre absorbante du verre décomposé. Si l'on adapte alors à la cornue un nouveau récipient avec de l'eau distillée , & que l'on fasse du feu dans le fourneau de reverbère , il passe de l'acide sulfureux & de l'acide vitriolique ; il reste au fond de la cornue une masse blanche, composée d'acide vitriolique & de terre absorbante ; cette masse , qui pèse

---

(e) Cette eau a une odeur à peu-près semblable à celle du vinaigre radical & une saveur acide piquante , mais agréable.

trois onces sept gros & demi, est une vraie
sélénite.

L'acide phosphorique obtenu du spath cesse
d'être fumant lorsqu'il est étendu d'eau, mais
quoiqu'alors il ne paroisse pas caustique, il
conserve néanmoins son action sur le verre *(f)*,
il est aisé de s'en apercevoir en examinant les
flacons dans lesquels on renferme cet acide;
ces flacons qui, lorsqu'ils sont bien bouchés
avec du cristal, ne livrent point passage aux
liqueurs les plus spiritueuses, laissent cependant
échapper l'acide phosphorique volatil qui continue à détruire & corroder le verre, de sorte
qu'on en voit bientôt des traces tant à l'extérieur
même du flacon dont le goulot se dépolit, que
sur les autres verres des environs où la vapeur
peut avoir accès.

(f) M. Margraff paroît être le premier qui ait reconnu
qu'on pouvoit obtenir du spath phosphorique un acide propre
à détruire le verre. « Une chose, dit-il, qui mérite d'être
» remarquée, c'est que dans ce travail avec l'acide vitrio-
» lique, aussi-bien que dans les suivans avec d'autres acides,
» le verre du récipient & celui de la retorte soient si for-
tement attaqués, & l'un & l'autre considérablement rongés ».

Voyez l'observation concernant une volatilisation remarquable d'une pierre de l'espèce à laquelle on donne le nom
de *floss, flusse, flus spath*, & aussi celui d'*hesperos*, laquelle
volatilisation a été effectuée au moyen des acides. Collect.
Acad. *Tome XII, page 286.*

L'acide phosphorique volatil fumant ne me paroît décomposer le verre que parce qu'il fournit lui-même du phlogistique à l'acide phosphorique, l'une des parties constituantes du verre *(g)* : la terre absorbante, qui résulte de cette décomposition du verre, s'unissant à cet acide phosphorique volatil, forme un sel neutre presque insoluble & insipide lorsqu'il a été bien lavé ; ce sel ne se vitrifie point au feu ; il peut être décomposé par l'huile de vitriol qui en dégage l'acide phosphorique volatil fumant, la nouvelle combinaison saline qu'on obtient est de la sélénite.

L'acide phosphorique volatil fumant est plus pesant que l'acide du vinaigre & que l'acide sulfureux, puisqu'il décompose la terre foliée de tartre & le sel sulfureux de Stahl. Il diffère de l'acide obtenu par le *deliquium* du phosphore, en ce qu'il forme des gelées avec les alkalis ; il en diffère encore par la saveur des combinaisons salines qui en résultent, ce qui vient

---

(g) J'ai déjà dit que le verre étoit un sel fusible, formé de l'alkali fixe du quartz, combiné avec l'acide phosphorique.

Voyez mes Mémoires de Chimie, sur la nature du verre, *page 1 & suiv.*

du phlogistique avec lequel l'acide phosphorique du spath est entré en combinaison.

Ce même acide volatil retiré du spath fusible étant saturé d'alkali fixe du tartre, produit, par l'évaporation, une masse gélatineuse, transparente, qui devient opaque en se desséchant ; elle se divise alors en morceaux polygones qui tombent en poussière à l'air ; ce sel qui n'est qu'en partie soluble dans l'eau, a une saveur salée ; l'acide qui s'en développe ensuite est semblable à celui du tartre.

Si l'on sature l'acide volatil retiré du spath fusible avec de l'alkali minéral, on obtient par l'évaporation une masse gélatineuse, qui, en se desséchant, se réduit en poudre ; ce sel étant goûté paroît avoir la saveur du sel marin, mais lorsqu'il est dissous sur la langue, il paroît acidule comme le tartre.

Ce même acide phosphorique étant saturé d'alkali volatil, forme un sel ammoniac gélatineux, qui, en séchant, se réduit en poussière ; sa saveur est très-piquante.

Le même acide, saturé de chaux éteinte, produit, par l'évaporation, une masse gélatineuse qui se réduit en poudre en séchant. Ce sel est presque insipide & ne laisse pas de trace lumineuse lorsqu'on le jette sur des charbons ardens.

M. Scheele,

M. Scheele, dans sa suite d'expériences sur les spaths fusibles *(h)*, reconnoît aussi dans ce genre de pierres un acide particulier qu'il désigne sous le nom d'*acide du spath (acidum sui generis.)* Il dit que l'acide qu'on a retiré du spath étant combiné avec la terre calcaire, régénère du spath fusible, mais dans les expériences que j'ai faites, je n'ai rien trouvé de semblable.

M. Boullanger, qui a donné des expériences sur le spath fusible *(i)*, prétend que l'acide de ce spath a les mêmes propriétés que l'acide marin. Je n'ai point remarqué de semblables propriétés dans l'acide obtenu du spath fusible par le moyen indiqué ci-dessus; mais si l'on procédoit immédiatement à la distillation du mélange de spath phosphorique & d'acide vitriolique, on auroit alors dans les récipiens un acide mixte, composé d'acide phosphorique volatil, d'acide sulfureux & d'acide vitriolique; or M.ᵉˢ Scheele & Boullanger disent avoir retiré leur acide du spath phosphorique par le moyen du feu. *Voyez* leurs Dissertations.

(h) Method of assaying and classing mineral substances; and a series of experiments on the sparry fluor. *London*, 1771, *in-octavo.*

(i) Expériences & Observations sur le spath vitreux; ou fluor-spathique. 1773, *in-octavo.*

Tome I. L

PREMIÈRE ESPÈCE.

Spath fusible en cubes.

Quelquefois les angles ou les bords sont tronqués ; j'en ai vu de couleur verte, dont les angles moins foncés sembloient s'être apposés postérieurement ; de Freyberg en Saxe.

Les spaths fusibles blancs & jaunes ne produisent pas le même effet phosphorique que ceux qui sont colorés en bleu, en vert ou en violet ; ces derniers ne paroissent pas devoir leur couleur à des substances métalliques, puisqu'ils se décolorent au feu après avoir produit leur effet phosphorique , ce qui d'ailleurs ne change rien à leur nature, puisqu'on en peut encore dégager l'acide phosphorique par le moyen de l'acide vitriolique.

DEUXIÈME ESPÈCE.

Spath fusible octahèdre ou aluminiforme.

Ces octahèdres sont ordinairement de couleur verte ou rose ; le sommet des deux pyramides est quelquefois tronqué ; quelquefois ces cristaux sont en prismes courts, hexahèdres, dont les côtés font alternativement inclinés en fens contraire & terminés par une pyramide hexahèdre, tronquée près de fa bafe; ce folide offre d'une part un hexagone dont les côtés, alternativement grands & petits, font ceints de fix trapèzes alternes, & de l'autre un hexagone équilatéral, ceint de fix trapèzes étroits; c'eft un fegment d'octahèdre. M. Delifle, Criftallographie, *pl. 11, fig. 8, A B.*

On trouve à Plombières un fpath rougeâtre de cette forme; il eft très-phofphorique.

TROISIÈME ESPÈCE.

Spath fufible en maffes irrégulières.

On voit fouvent dans les morceaux de ce fpath les couleurs les plus variées; le vert, le violet, le jaune & le blanc y contraftent agréablement; mais il eft bon de remarquer que le fpath phofphorique d'Auvergne ou de Giromagni dans les Vôges, renferme quelquefois des veines de quartz blanc qui lui donnent la propriété d'entrer en fufion lorfqu'on l'expofe à un certain degré de feu. Ce fpath fufible d'Auvergne & de Giromagni eft violet, tranfparent ou opaque, & quelquefois vert.

Le fpath fufible du *Derby shire* que M. Deromé

Delisle a désigné sous le nom d'*albâtre vitreux*, a un fond blanc, transparent, veiné ou rubané de belles taches couleur d'améthiste ; il est susceptible du poli, mais il paroît étonné & comme formé de pièces de rapports dont on aperçoit les joints ; cela vient de sa cristallisation rapide & par dépôts successifs à la manière des stalagmites.

Spath séléniteux.

La terre calcaire, saturée d'acide vitriolique, forme le spath séléniteux, qui diffère essentiellement du spath fusible par sa forme & ses principes constituans ; mis sur des charbons ardens il ne laisse point de trace phosphorique ; mais lorsqu'il a été calciné à feu ouvert à travers les charbons, il acquiert la faculté d'attirer pour ainsi dire la lumière & de la répandre ensuite dans un lieu obscur ; le spath séléniteux rend alors une odeur de foie de soufre décomposé.

Ce spath calciné n'a pas, comme le gypse, la propriété de prendre corps après avoir été imbibé d'eau, ce qu'on doit attribuer à la différence de leurs principes constituans. Le gypse est un sel neutre composé de terre absorbante & d'acide vitriolique, tandis que le spath séléniteux est formé par la combinaison de deux acides avec la terre absorbante ; il doit en effet son origine à la terre calcaire, saturée d'acide vitriolique, ainsi que l'a démontré M. Margraff dans sa *Dissertation XIII, sur différentes pierres, page 401*. Ce Chimiste rapporte qu'en combinant la terre calcaire avec l'acide vitriolique, on obtient un sel semblable au spath séléniteux qui, après avoir été calciné à feu ouvert, a la même propriété que la pierre de Bologne.

Ayant distillé du spath séléniteux avec de l'huile de vitriol, il ne s'est point dégagé d'acide phosphorique volatil fumant, il a seulement passé vers la fin de la distillation un peu d'acide sulfureux volatil.

J'ai distillé deux onces de spath séléniteux avec une once de charbon en poudre dans une cornue de verre au fourneau de réverbère, il s'est dégagé un peu de foie de soufre volatil ; ce qui reste au fond de la cornue est un foie de soufre terreux, comme il est aisé de le reconnoître en y versant un acide.

En fondant ensemble deux parties de spath séléniteux & une d'alkali fixe, on obtient une masse blanche qui se dissout en partie dans l'eau distillée ; on en retire, par l'évaporation, du tartre vitriolé.

La terre qui reſte ſur le filtre eſt blanche, inſipide, très-diviſée & ne fait point efferveſcence avec les acides ; lorſqu'on l'expoſe au feu, elle durcit & prend une couleur griſe ; à un degré de feu plus fort, elle acquiert plus de dureté & reſte cellulaire comme des aſtroïtes ; douze heures après, elle tombe en effloreſcence & manifeſte toutes les propriétés de la chaux vive.

PREMIÈRE ESPÈCE.

Spath féléniteux en priſmes tétrahèdres, terminés par deux pyramides courtes à quatre pans.

Le priſme eſt compoſé de pans inégaux, il y en a deux larges & deux étroits ; les pans d'égale largeur ſont oppoſés ; les faces des pyramides qui répondent aux côtés larges du priſme ſont triangulaires, les autres ſont des trapèzes.

Ce ſpath eſt très-peſant, jaunâtre, feuilleté & demi-tranſparent ; on le trouve à Royat en Auvergne.

DEUXIÈME ESPÈCE.

Spath féléniteux rhomboïdal.

Ses criſtaux ſont des parallélipipèdes obliques,

formés par six rhombes égaux. M. Delisle,
Cristallographie, *n.° 70, pl. V, fig. 1.*

On en trouve de solitaires dans les mines du
Hartz, de Saalfeld, de Voigtland & dans les
mines de cobalt du duché de Deux-Ponts.

TROISIÈME ESPÈCE.

Spath perlé séléniteux.

Il cristallise en petites écailles rhomboïdales,
posées en recouvrement les unes sur les autres;
elles forment, par leur agrégation, des cubes
obliquangles imparfaits ; ces écailles sont renflées
dans le milieu, ordinairement opaques, & leur
couleur est d'un blanc argentin comme les perles;
si l'on verse un acide sur ces cristaux , ils
donnent quelques traces légères d'effervescence
& deviennent d'un jaune doré.

QUATRIÈME ESPÈCE.

Spath séléniteux en prismes hexahèdres, aplatis, terminés par deux sommets dihèdres.

Les cristaux de cette espèce sont blancs,
transparens & groupés. C'est l'octahèdre dont
chaque pyramide est tronquée près de la base,
mais plus alongé que dans l'espèce VI , d'où
résulte la forme prismatique.

L iv

CINQUIÈME ESPÈCE.

Spath séléniteux octahèdre.

Sur le même groupe où sont les octahèdres, on trouve quelquefois des octahèdres tronqués ; j'ai vu un groupe de ces cristaux couleur de rose & transparens qui venoit de Suisse.

SIXIÈME ESPÈCE.

Spath séléniteux, cristallisé en lames carrées, dont les extrémités sont coupées en biseau.

Ces cristaux sont formés par deux pyramides quadrangulaires, jointes base à base & tronquées très-près de leur base. M. Delisle, Cristallographie, *pl. VI, fig. 10.* Il y en a une variété tronquée aux angles.

Les cristaux de ce spath se trouvent presque toujours groupés ; les lames qui composent ces groupes sont toutes posées de champ ou légèrement inclinées dans des directions différentes ; il y en a de transparens & d'opaques, de blancs & de couleur d'aigue-marine.

SEPTIÈME ESPÈCE.

Spath séléniteux lenticulaire.

Les cristaux orbiculaires dont il est composé résultent de l'agrégation de lames carrées à bords en biseau.

HUITIÈME ESPÈCE.

Spath séléniteux en rose.

C'est un assemblage de petits feuillets carrés, très-minces, serrés les uns contre les autres autour de différens centres.

NEUVIÈME ESPÈCE.

Spath séléniteux strié.

Ce spath, composé de fibres ou filets parallèles & opaques, se trouve dans le comté de Sommerset.

Parmi les spaths séléniteux, connus sous les noms de *pierre de Bologne*, on en voit qui sont composés de filets qui vont du centre à la circonférence.

Toutes les espèces dont je viens de faire mention sont propres à devenir phosphoriques après avoir été calcinées & ne se vitrifient point sans intermède.

Argile, Terre glaise ou bol.

La terre calcaire calcinée & faturée d'acide vitriolique forme l'argile ; cette terre eft tenace & paroît graffe au toucher ; humectée par l'eau, elle s'en imbibe, devient molle, augmente de volume & retient l'eau par fa vifcofité naturelle. Cette dernière propriété rend l'argile d'un très-bon ufage pour la conftruction des baffins & des chauffées d'étang.

L'argile fe rencontre prefque par-tout, mais à différentes profondeurs, tantôt à la furface de la terre, tantôt fous des carrières auxquelles elle fert de bafe. On en trouve des bancs qui ont trente pieds & plus d'épaiffeur ; celle des environs de Paris, qui pour l'ordinaire eft à plus de foixante pieds de profondeur, eft molle & fe laiffe aifément couper lorfqu'elle eft fraîchement tirée.

Les lits qui compofent les argilières font de différentes couleurs ; il y en a de noirs, de gris, de bleuâtres, de plufieurs nuances de rouge ; d'autres de couleur grife uniforme renferment des pyrites martiales que les ouvriers nomment *fer à mine*.

A Gentilly, village des environs de Paris, l'on exploite l'argile par puits & par galeries, comme on le peut voir *page 58 & suiv.* de mon *Examen chimique.*

L'argile est une des terres les plus utiles que nous connoissions, puisqu'elle fait la base de toutes nos poteries, depuis la plus grossière jusqu'à la porcelaine la plus recherchée ; on en fait des briques, des tuiles, des carreaux & elle offre au Sculpteur une matière propre à prendre sous ses doigts la forme qu'il desire.

L'argile en se desséchant perd beaucoup de son volume ; c'est ce qu'on nomme *retrait.* Si on l'expose au feu avant de l'avoir bien fait sécher, elle décrépite, se durcit & perd de son poids ; celle qui est colorée se vitrifie à raison du fer qu'elle contient. L'argile bien cuite ne se laisse pénétrer ni par l'eau ni par les acides, & elle peut rester exposée aux injures de l'air sans y éprouver d'altération sensible.

L'argile perd par la cuisson l'acide vitriolique qu'elle contenoit ; cet acide en s'unissant à du phlogistique, forme du soufre qui par sa combinaison avec la matière grasse de l'argile, produit une espéce de rubis de soufre d'une odeur fétide, c'est ce qui se dissipe du four où l'on cuit les poteries sous la forme d'une fumée noire & épaisse. On trouve après la cuisson des poteries bien séchées, qu'elles ont augmenté en

pesanteur absolue ; c'est ce qu'on observe sur-tout
à la porcelaine dont l'augmentation de poids ne
provient que de l'espèce de vitrification qu'elle
a éprouvée en se combinant avec l'acide du feu.

Les poteries par excellence sont celles qui
sont imperméables aux liqueurs qu'on y dépose, telles sont la porcelaine & la poterie
appelée *grès*. Il n'en est pas de même de la
terre cuite ordinaire & du biscuit de la faïence,
dont le tissu moins serré seroit bientôt pénétré
si l'on ne prenoit la précaution d'enduire leur
surface d'une couche vitreuse, mince, qu'on
nomme *émail*, *couverte* ou *vernis*, & qui procure
le même avantage. Il est bon néanmoins de
remarquer que le verre de plomb qu'on emploie pour recouvrir la terre cuite se laisse
attaquer par tous les acides, & que la plupart
des sels le dissolvent très-aisément. *L'émail* ou
blanc dont on se sert pour la faïence est inal-
térable aux acides, mais il est sujet à se gercer
& à se fendiller, parce que le retrait qu'il
éprouve dans la cuisson n'est point en proportion avec celui du biscuit.

La poterie qu'on nomme *grès*, parce qu'elle
est grenue comme l'espèce de pierre sablonneuse
qui porte ce nom, se fait avec de l'argile cuite
mêlée d'argile ordinaire ; on fait sécher les

vaſes, on les cuit pendant pluſieurs jours & ils acquièrent aſſez de dureté pour donner des étincelles avec le briquet.

L'argile eſt un des principaux ingrédiens de la porcelaine de Saxe. Nous devons à M. le Comte de Milli la connoiſſance des procédés qu'on emploie dans la fabrication de cette précieuſe poterie. Cet Académicien dit, dans ſon *Art de la porcelaine*, que la pâte s'en prépare avec de l'argile blanche, du quartz, du gypſe calciné & des teſſons de porcelaine, & que la macération de ces matières, durant l'eſpace de ſix mois, eſt ce qui contribue le plus à ſa perfection. Voici, ſuivant M. le Comte de Milli, la proportion des matières qui doivent entrer dans la compoſition d'une porcelaine propre à ſupporter le plus grand feu ſans s'y vitrifier.

<pre>
Argile blanche............... 100 ⎫
Quartz blanc ....   9 ⎬ parties.
Teſſons de porcelaine........   7 ⎪
Gypſe calciné, ...   4 ⎭
</pre>

La couverte du biſcuit *(h)* eſt auſſi ſimple

(h) On nomme *biſcuit* la pâte de la porcelaine qui a été cuite; elle forme en cet état une eſpèce de grès d'un blanc mat, dont la ſurface eſt grenue; on la nomme *porcelaine* lorſqu'elle a ſon enduit de criſtal tranſparent, ſa ſurface eſt alors liſſe & brillante.

que la préparation de la pâte, & est composée

De quartz blanc............ 8 ⎫
De tessons de porcelaine......15 ⎬ parties.
De cristaux de gypse calciné... 7 ⎭

En général, la porcelaine de Saxe est très-bonne ; ses couleurs jouent agréablement & ont un ton très-mâle : on n'en connoît pas d'aussi bien assorties à la couverte, elles ont du brillant sans être noyées & glacées comme celles qui sont faites avec des frites.

Toute porcelaine, au moment qu'elle reçoit son dernier coup de feu, se trouve dans un état de fusion commencée ; elle a pour lors de la mollesse ; dans cet état elle se tourmente, si les pièces ne sont pas égales, le fort emporte le foible, elles fléchissent de ce côté ; on pare en partie à ces inconvéniens par le moyen des supports faits avec la même pâte que la porcelaine.

On doit préparer les gazettes ou étuis dans lesquelles on a fait cuire la porcelaine avec des terres qui ne soient pas martiales ; si l'on n'a point cette précaution, une portion du fer se volatilise par la violence du feu & va s'attacher à la surface des pièces de porcelaine en les couvrant d'un enduit noirâtre, indestructible, & les pièces sont gâtées. Les briques du fourneau peuvent aussi influer sur la blancheur de la porcelaine, si elles sont trop martiales; on aura toujours de l'avantage à ne point employer d'argile ou de sable trop ferrugineux pour les préparer, puisqu'elles sont d'autant plus fusibles qu'elles contiennent plus de fer.

PREMIÈRE ESPÈCE.

Argile blanche, Terre à porcelaine.

Cette argile, qui est très-pure, a plus de gluten ou d'onctuosité que les autres espèces du même genre; elle entre dans la composition de la porcelaine & de la belle faïence.

Pour séparer de cette argile le sable & le mica qu'on y rencontre souvent, il faut la délayer dans de l'eau, alors ces différentes matières se précipitent suivant leur pesanteur spécifique.

DEUXIÈME ESPÈCE.

Argile noire.

Celle-ci est tenace, onctueuse & contient souvent du gypse & de la pyrite martiale; délayée dans de l'eau, elle prend une couleur grisâtre & devient noire après avoir été séchée;

l'eau distillée dont on s'est servi pour délayer l'argile noire ne paroît pas en avoir rien dissout, puisque le nitre mercuriel ne s'y décompose pas.

Pour déterminer la cause de la couleur noire de cette argile, j'en ai distillé dans une cornue de verre lutée ; après l'avoir tenue rouge pendant sept heures, j'ai trouvé dans le récipient de l'acide sulfureux ; l'argile qui restoit au fond de la cornue étoit blanchâtre & très-dure ; j'ai remarqué que plusieurs argiles blanches après avoir été distillées, prenoient une couleur à peu-près semblable & ne donnoient, par cette opération, que de l'eau pure.

L'acide sulfureux qu'on obtient par la distillation de l'argile noire, donne lieu de présumer que cette terre est colorée par une matière grasse ; celle-ci, durant la distillation, s'unit avec l'acide vitriolique qu'on sait être une des parties intégrantes de l'argile & le rend acide sulfureux.

Si l'on expose de l'argile noire à un feu violent dans un creuset, elle décrépite, acquiert beaucoup de dureté, & sa surface paroît grenue, d'un blanc sale & parsemée de petits points noirs.

TROISIÈME

TROISIÈME ESPÈCE.

Argile grise, Terre à Potier, Glaise.

Elle doit sa couleur à un peu de fer & renferme souvent des pyrites martiales. Les Potiers de terre emploient cette argile pour faire des fourneaux, des creusets ; les Sculpteurs en font usage pour modeler en terre ; lorsque cette argile a été cuite, elle prend une couleur rougeâtre ; si on lui fait éprouver un degré de feu plus considérable, sa surface se vitrifie & devient brune.

QUATRIÈME ESPÈCE.

Terre à foulon.

C'est une argile grise, très-pure, qu'on emploie pour fouler ou dégraisser les étoffes ; on lui a aussi donné le nom de *terre savonneuse*, parce qu'elle produit à peu-près les mêmes effets que le savon.

CINQUIÈME ESPÈCE.

Argile marbrée.

Le fond de cette argile est gris, semé de taches rouges de diverses nuances ; elle se trouve dans les argilières au-deſſus de l'argile griſe, & doit ſa couleur à de la terre martiale, produite par les pyrites décompoſées ; c'eſt ſans doute la raiſon pour laquelle on ne trouve pas de pyrites dans cette argile.

Les Diſtillateurs d'acide, l'emploient pour décompoſer le nitre & le ſel marin.

SIXIÈME ESPÈCE.

Argile rouge ; Bol d'Arménie.

Lorſque l'argile a une couleur rouge de brique, on la nomme *bol d'Arménie*, c'eſt à de l'ocre martiale rouge qu'elle doit ſa couleur ; ſi on expoſe ce bol à un feu violent, il ſe vitrifie & produit un émail noir.

On trouve ſouvent, dans des cavités, des bols où l'on remarque des couches de différentes nuances de rouge.

Le crayon rouge eſt auſſi de l'argile colorée par de la terre martiale.

SEPTIÈME ESPÈCE.

Terre ſigillée, Terre de Lemnos.

On a donné le nom de *terre ſigillée* à des argiles colorées par du fer, ſur leſquelles on imprimoit un cachet.

On a long-temps employé en Médecine différentes terres sigillées, de même que le bol d'Arménie, mais en général les terres argileuses n'ont d'autre propriété médicinale que celles qu'elles peuvent tirer du fer qu'elles contiennent quelquefois en assez grande quantité.

HUITIÈME ESPÈCE.

Argile brune, Terre d'ombre.

Elle doit sa couleur à de la terre martiale, elle varie par ses nuances, devient noire par la calcination & ne se vitrifie point aussi aisément que le bol d'Arménie.

La terre d'ombre est employée dans la Peinture.

NEUVIÈME ESPÈCE.

Argile verte, Terre de Vérone.

Elle doit sa couleur verte à du fer qui s'y trouve, même à l'état métallique, puisque cette terre a la propriété d'attirer l'aiguille aimantée.

Ayant distillé une partie de terre de Vérone avec huit parties de sel ammoniac, j'ai obtenu des fleurs martiales jaunes, qui, dissoutes dans de l'eau distillée, ont fait de l'encre avec la teinture de noix de gale.

Cette terre calcinée devient noire & plus attirable à l'aimant que dans son état naturel ; exposée à un feu violent, elle s'y convertit en un émail noir.

Si l'on met de la terre de Vérone en digestion avec de l'alkali volatil, elle ne lui fait point changer de couleur ; mais lorsqu'une argile verte contient du cuivre, l'alkali volatil dissout ce métal & prend une belle couleur bleue.

Pour séparer de la terre verte de Vérone, les matières étrangères qui souvent s'y rencontrent, il suffit de la délayer dans de l'eau ; l'argile y reste suspendue, tandis que les substances hétérogènes se précipitent au fond du vase.

DIXIÈME ESPÈCE.

Argile feuilletée.

Elle est grise & contient de petits cailloux brunâtres ; elle est sujette à s'exfolier à l'air, elle n'a plus alors la propriété de se diviser & prendre corps avec de l'eau.

ONZIÈME ESPÈCE.

Tripoli.

Le tripoli paroît être une argile qui a perdu

fon gluten *(1)* & la propriété de fe divifer dans l'eau qu'elle abforbe au contraire avec bruit fans perdre de fa confiftance.

Le tripoli varie par fa couleur & fa dureté ; il y en a de blanc, de gris & de rougeâtre ; on le trouve ordinairement difpofé par lits d'où on le tire en morceaux folides & grenus qui durciffent lorfqu'on les expofe à un feu violent.

DOUZIÈME ESPÈCE.

Pierre pourrie.

C'eft une efpèce de tripoli très-divifé, de couleur grife, & dont les parties n'ont point de cohérence entre elles ; on l'emploie pour polir les métaux auxquels on ne l'applique d'ordinaire qu'après avoir fait ufage du tripoli.

Toutes les efpèces d'argile dont on vient de parler, font propres à décompofer le nitre & le fel marin. Si l'on diftille ces mêmes argiles avec de l'acide vitriolique, il paffe de l'acide fulfureux, puis de l'acide vitriolique ; le réfidu de la diftillation, après avoir été leffivé produit,

---

(1) M. Pott penfe que le tripoli eft une argile privée, par des voies qui nous font inconnues, de fa fubftance glutineufe, foit par extraction, foit par deftruction. *Lithog.* *édit. franç. part. II, page 87.*

M iij

par l'évaporation, de l'alun, dans le rapport à peu-près de trois huitièmes; lorsque l'argile est colorée, l'alun qu'on retire contient du vitriol martial; outre ces différens sels, on obtient encore de ces lessives un peu de sel de Sedlitz.

Pour enlever les dernières portions de mélasse qui se trouvent dans les formes où le sucre a cristallisé, on détrempe de l'argile blanche dans de l'eau jusqu'à consistance de bouillie épaisse, & l'on en met une grande cuillerée sur la base de chaque pain de sucre qui est encore dans sa forme; l'eau filtre lentement à travers le sucre & entraîne ce qui ne pouvoit cristalliser, on dessèche ensuite le sucre à l'étuve.

Schiste, Ardoise.

Le schiste me paroît avoir la même origine que l'argile dont il diffère par son tissu feuilleté, & en ce que le fer qu'il contient s'y trouve coloré en bleu par de l'alkali volatil; l'aluminisation du schiste, la propriété qu'il a de décomposer le nitre, indiquent non-seulement ses rapports avec l'argile, mais il est même plus abondant qu'elle en terre alumineuse, puisqu'il faut un tiers moins de schiste que d'argile pour décomposer une quantité donnée de nitre.

Le schiste varie singulièrement par sa couleur

& par la nature des matières étrangères qu'il renferme ; on y trouve souvent des pyrites martiales & cuivreuses , du mercure vierge, du quartz, du bafalte, du gypse, du bitume, &c. *(m)*.

On peut retirer du schifte , par la diftillation , une partie de l'alkali volatil qu'il contient *(n)*, il y a même des ardoises dont j'ai obtenu par ce moyen de l'alkali volatil & du sel ammoniac ; outre l'alkali volatil, les schiftes bitumineux fourniffent auffi , par cette opération , tout le bitume qu'ils contiennent. J'ai remarqué que les réfidus n'avoient point fenfiblement changé de couleur.

Si l'on diftille du schifte avec deux parties d'acide vitriolique concentré , il paffe d'abord de l'acide fulfureux , puis de l'acide vitriolique ; le réfidu de la diftillation eft blanc ; fa leffive évaporée produit de l'alun , du vitriol martial & du fel de Sedlitz.

(m) J'ai , dans mon Cabinet , des schiftes gris avec des cornes d'ammon blanches , qui font à l'état calcaire ; ces cornes d'ammon font communes dans les schiftes de Reutlingue.

(n) Quatre onces de schifte m'ont fourni , par la diftillation , un gros d'alkali volatil faifant efferveſcence avec les acides.

J'ai dit que le schifle étoit propre à décomposer le nitre ; voici ce qu'on observe lorsqu'on distille ensemble ces substances dans une cornue de verre lutée ; dans le commencement de la distillation, il se dégage des vapeurs blanches qui se condensent très-difficilement ; l'acide nitreux fumant qui passe ensuite est moins rutilant que celui qu'on dégage du nitre par l'intermède du tripoli, étant moins concentré que ce dernier à raison de l'eau que le schifle contient & qui passe durant la distillation ; il y a d'ailleurs une partie de l'acide nitreux qui porte son action sur l'alkali volatil que j'ai dit être un des principes constituans de l'ardoise ; ce même acide nitreux est régalisé lorsque le schifle contient du sel ammoniac, qui, dans cette opération, se décompose.

Le résidu de la décomposition du nitre, par l'intermède du schifle, est presque insipide & d'un rouge pâle.

PREMIÈRE ESPÈCE.

Schifle.

Le schifle se trouve dans l'intérieur de la terre, disposé par couches à peu-près comme les argiles ; les bancs ou lits dont les *ardoises* ou *périères* font compofées, forment des maffes compactes, quelquefois très-folides ; la couleur du fchifte folide eft ordinairement plus foncée que celle du fchifte feuilleté qu'on nomme *ardoife.*

On trouve dans le fchifte des empreintes de capillaires & de fougères, & des empreintes de Poiffons ; on remarque qu'il y a prefque toujours des pyrites martiales ou cuivreufes dans l'efpace qu'avoit occupé le Poiffon ; les fchiftes qui renferment des empreintes de végétaux font fouvent mêlés de mica ; tel eft celui de Saint-Chaumont en Lyonnois.

DEUXIÈME ESPÈCE.

Schifte globuleux ou en rognons.

On trouve à Saalfeldt en Thuringe, un fchifte noir, affez dur pour donner des étincelles lorf-qu'on le frappe avec le briquet ; il renferme des globes de différentes groffeurs qui con-tiennent quelquefois des pyrites martiales & du *mifpickel.*

Cette efpèce de fchifte eft liffe dans fa fracture & fufceptible du poli.

TROISIÈME ESPÈCE.

Schiste feuilleté, Ardoise.

La couleur de l'ardoise est ordinairement d'un gris bleuâtre ; lorsqu'elle est nouvellement tirée de sa carrière, elle se divise aisément par feuillets, pourvu qu'elle ne contienne ni quartz ni pyrites.

L'ardoise, lorsqu'on l'expose à l'air, durcit, devient sonore & reste imperméable à l'eau. Ses divers usages sont assez connus.

Il n'est pas rare de trouver dans les ardoises des pyrites cubiques ou globuleuses, des dendrites martiales & des cristaux de gypse blanc étoilé. Elles renferment, aussi fréquemment que les autres schistes, des empreintes animales & végétales.

QUATRIÈME ESPÈCE.

Schiste noir fragile, Pierre noire.

Ce schiste est tendre & friable, on le coupe en prismes carrés dont les Menuisiers & autres Artisans se servent pour tracer leur ouvrage ; on en fait aussi des crayons pour les Dessinateurs.

Lorsque cette espèce de schiste tombe en
efflorescence par la décomposition des pyrites
martiales, qu'il contient souvent en grande
quantité, on lui a donné les noms d'*ampélite*
ou de *terre à vigne*, parce qu'en cet état on
l'a cru propre à servir d'engrais aux vignobles.

CINQUIÈME ESPÈCE.

Schiste blanchâtre, Pierre à aiguiser.

Ce schiste est compacte & disposé par
couches qui varient par leur couleur, il y en
a de blanchâtre, de gris, de jaunâtre & de
noirâtre ; on emploie ces pierres avec de l'huile
pour aiguiser les rasoirs & autres instrumens
d'acier ; on en taille aussi des prismes carrés
de différentes grosseurs qu'on nomme *pierre à
polir* parce qu'ils servent à cet usage.

Cette espèce est assez dure, d'un grain fin
& susceptible d'un certain poli.

SIXIÈME ESPÈCE.

Schiste fibreux.

Il est d'un gris verdâtre mêlé de rouge &
paroît strié dans sa fracture. Comme cette

pierre fond très-difficilement, on l'emploie avec avantage dans la construction des fourneaux qui doivent éprouver un feu considérable.

Toutes les espèces de schiste dont on vient de parler, se vitrifient lorsqu'on les expose à un feu très-violent & d'autant plus aisément qu'elles contiennent plus de fer. L'émail noir qu'elles produisent est aussi plus ou moins foncé selon la quantité de fer qui s'y rencontre.

Pierre ollaire, *Serpentine*, *Colubrine*, Gabbro *des Florentins*.

Le nom de *pierre ollaire (o)* vient de l'usage auquel on emploie cette pierre dans certains pays, où, après lui avoir donné sur le tour la forme qu'on desire, on en fait des pots & des marmites imperméables à l'eau & qui résistent très-bien à l'action du feu.

Cette pierre paroît composée des mêmes parties intégrantes que l'argile, mais elle en diffère en ce qu'elle contient beaucoup de

---

(o) Les mots latins *ollaris lapis* & *lebetum lapis*, de même que *lavezzo* ou *laveggio* des Italiens, rendus en françois par ceux de *lavege* ou *lavezze*, & en allemand par *lofer topfstein*, sont synonymes, & veulent tous dire *pierre à marmite* ou dont on fait des marmites.

magnéfie *(p)* qui ne fe trouve point dans l'argile. La pierre ollaire ne fe divife pas dans l'eau ; le fer qui la colore ordinairement en vert y eft prefque à l'état métallique, puifque cette pierre fait changer la direction de l'aiguille aïmantée, comme l'a indiqué M. Déromé Delifle.

La ferpentine, qui n'eft qu'une pierre ollaire plus fine & fufceptible du poli, contient quelquefois, outre le fer, des veines d'amiante & de petites portions de talc tranfparent.

Les ferpentines & la plupart des pierres ollaires diftillées fans intermède, fourniffent près d'un huitième d'eau acidule ; d'après les expériences de M. Bayen, l'acide qui fe trouve dans cette eau eft de la nature de l'acide marin.

Lorfqu'on diftille de la pierre ollaire avec deux parties d'huile de vitriol, il paffe de l'acide vitriolique fulfureux ; le réfidu de la diftillation, après avoir été leffivé, filtré, évaporé, produit du fel de Sedlitz, de l'alun & un peu de vitriol martial.

Il réfulte de ces expériences, que les pierres ollaires font compofées d'eau, d'argile, de talc,

---

(p) On nomme *magnéfie* la terre qui fert de bafe au fel de Sedlitz.

de magnéſie, d'un peu de fer, & que quelques-unes contiennent de l'acide marin.

PREMIÈRE ESPÈCE.

Pierre ollaire ſuſceptible du poli, Serpentine, Gabbro.

Cette pierre ollaire a pour l'ordinaire un fond verdâtre ou jaunâtre avec des taches de différentes nuances de vert, ſemblables à celles qu'on diſtingue ſur la robe des Serpens, ce qui lui a fait donner le nom de *ſerpentine*.

On trouve en Corſe *(q)* des ſerpentines vertes, tranſparentes, aſſez dures & ſuſceptibles du plus beau poli.

Sur un fond verdâtre, il y a quelquefois des taches rougeâtres, demi-tranſparentes, qui produiſent l'effet le plus agréable.

La ſerpentine verdâtre & tranſparente de Corſe, expoſée à un feu violent, devient blanche, opaque, y prend aſſez de dureté pour

---

(q) La pierre ollaire de Corſe, ainſi que celle de Suède, ſert de gangue à la mine de fer octahèdre, attirable à l'aimant; cette mine de fer octahèdre ſe rencontre encore dans une gangue ſemblable à Hangenſtein en Moravie, & près de Bernſtein en Hongrie. *Voyez Lithoph. Born.*

faire feu avec le briquet, & ne s'y fond pas lorsqu'elle n'est que très-peu martiale.

DEUXIÈME ESPÈCE.

Pierre de Côme, Colubrine ou Pierre ollaire proprement dite.

Cette espèce, plus grossière & moins dure que la précédente, est d'un gris plus ou moins foncé, souvent mêlée de mica ; elle se tourne aisément, mais elle n'est point susceptible du poli comme la serpentine ; exposée au feu, elle blanchit & y acquiert aussi la propriété de faire feu avec le briquet ; les carrières de cette pierre, qui sont dans le pays des Grisons, près du lac de Côme, étoient déjà célèbres du temps des Anciens *(r)*. Les marmites qu'on en fait, après y avoir ajusté des cercles & des anses de fer, sont en usage en plusieurs endroits de la Suisse & de l'Italie.

J'ai une tablette de colubrine grise mêlée de mica couleur de rose & transparent ; elle chatoye comme l'avanturine.

(r) In Siphno lapis est qui cavatur tornaturque in vasa, coquendis cibis utilia, vel ad esculentorum usus ; quod in Comensi Italiæ lapide viridi accidere scimus. Plin. hist. nat. lib. XXXVI, cap. 22.

TROISIÈME ESPÈCE.

Kaolin ou Bol blanc.

La pierre ollaire pure & privée naturellement de son gluten, produit une terre blanche, douce au toucher, qu'on a jusqu'à présent désignée sous le nom de *bol blanc*, & pour laquelle nous avons adopté la dénomination chinoise de *kaolin*. Cette terre, lorsqu'elle a éprouvé l'action du feu, perd la propriété qu'elle avoit de se diviser dans de l'eau, devient grenue & n'en est pas moins propre à entrer dans la composition de la belle porcelaine dure. Nous en avons la preuve dans l'emploi qu'on fait à la manufacture royale de Sève, du kaolin de Saint-Kirié en Auvergne, qui est grenu & qui se divise difficilement dans l'eau; il diffère en cela du kaolin d'Alençon & de celui de la Chine, lesquels se divisent aussi facilement dans l'eau que si c'étoit de la craie.

Le kaolin se rencontre par couches comme l'argile; on en trouve qui contient du quartz, du mica & quelquefois de la terre martiale; on préfère pour la porcelaine celui qui est blanc.

Le kaolin, de même que les autres espèces

de

de pierres ollaires, étant diſtillé avec deux parties d'huile de vitriol, produit de l'acide vitriolique fulfureux; le réſidu de la diſtillation donne, par la leſſive, près des deux tiers de fon poids de fel de Sedlitz mêlé d'un peu d'alun *(ſ)*, & même de vitriol martial ſi le kaolin contient du fer.

De tous les intermèdes terreux, la pierre ollaire eſt le plus propre à décompoſer le nitre.

Mica, Glimmer *des Allemands.*

On appelle ainſi des pierres feuilletées qui fe diviſent en paillettes luiſantes, & qu'on n'a juſqu'à préſent diſtinguées que par la couleur ou le plus ou le moins d'étendue des feuillets qui les compoſent.

PREMIÈRE ESPÈCE.

Mica alumineux.

Il eſt difficile de diſtinguer à la vue le mica alumineux de celui qui ne l'eſt pas ; l'eſpèce

---

(ſ) Le kaolin grenu d'Auvergne, diſtillé avec de l'acide vitriolique, ne m'a point produit d'alun ; il en eſt de même de toute pierre ollaire ou argileuſe qui a éprouvé l'action du feu.

Tome I.   N

dont je vais parler, cristallise en prismes à six pans tronqués ; exposée au feu, elle s'y exfolie sans se vitrifier ; lorsqu'on la distille *(1)* avec deux parties d'acide vitriolique, elle se réduit en une masse saline qui se dissout entièrement dans l'eau & qui, par l'évaporation, donne de l'alun.

Si l'on fait bouillir une dissolution d'alun avec la terre nouvellement séparée de ce sel par le moyen de l'alkali fixe, on obtient un sel talqueux, brillant, insipide, assez semblable au mica ; le résidu de la distillation de ce même sel avec l'acide vitriolique étant lessivé, produit aussi de l'alun.

Je suis porté à croire, d'après ces expériences, que le mica alumineux n'est que de l'alun saturé de sa terre.

Ce mica alumineux est plus propre à décomposer le nitre que ne le sont l'argile & le kaolin, l'acide qu'on obtient par son intermède est aussi plus coloré.

On doit considérer la *molybdène* comme un mica martial & alumineux ; M. Delisle a fait connoître, dans un Mémoire qu'il a lû à

---

(1) Dans le commencement de cette distillation, il passe de l'acide sulfureux.

l'Académie, que par la cohobation avec l'acide vitriolique, on convertissoit une partie de la molybdène en alun. Je rendrai compte de ses expériences intéressantes en parlant des mines de fer.

M. Deromé Delisle a dans sa collection de Minéraux, de la molybdène cristallisée en segmens de prismes hexagones comme le mica.

DEUXIÈME ESPÈCE.

Mica non alumineux (u).

Cette espèce se trouve en petits feuillets brillans, ordinairement opaques & diversement colorés; il y en a de blanc, de jaune, de vert, de rougeâtre & de noirâtre, & on le nomme quelquefois, d'après sa couleur, *or* ou *argent de chat.*

Pour séparer ce mica des terres étrangères avec lesquelles il est souvent mêlé, il faut le laver dans beaucoup d'eau ; le mica, comme plus léger, y reste plus long-temps suspendu, tandis que les autres terres se précipitent.

____

(u) Peut-être fourniroit-il de l'alun si l'on recohoboit dessus de l'huile de vitriol comme M. Delisle l'a fait pour la molybdène.

On trouve à Feucherolles, village situé à une lieue de la forêt de Marli, une petite montagne composée de mica, de sable rougeâtre & de géodes martiales de la même couleur.

Ce mica ne me paroît être autre chose que le mica alumineux qui a éprouvé de l'altération. Ce qu'il y a de certain, c'est que ce dernier devient brillant après avoir été calciné, & qu'alors il n'a plus la propriété de fournir de l'alun, quand on le distille avec de l'acide vitriolique, il ressemble en cela au mica non alumineux ; la terre martiale rouge avec laquelle celui-ci se rencontre d'ordinaire, semble confirmer ce que j'avance, car l'ocre martiale ne prend jamais cette couleur qu'après avoir éprouvé l'action du feu.

TROISIÈME ESPÈCE.

Mica en grandes feuilles, dit Verre de Moscovie.

C'est un mica transparent, non alumineux, flexible, élastique, qui, lorsqu'on l'expose au feu, s'y exfolie, devient blanc, opaque & brillant ; chaque petit feuillet qu'on détache du verre de Moscovie calciné est transparent.

La grandeur des feuilles de ce mica varie beaucoup; j'en ai qui ont deux pieds & demi de longueur fur un pied de largeur; celui qu'on trouve dans des granits & dans les argiles eft fouvent en lames fi petites qu'on a de la peine à les diftinguer.

Les différentes efpèces de mica ne fe vitrifient point au feu le plus violent.

Stéatite (x), Pierre de lard.

La ftéatite eft tendre, onctueufe au toucher, n'eft pas fufceptible d'un beau poli & ne fe divife point dans l'eau.

Lorfqu'on la diftille avec deux parties d'huile de vitriol, il paffe de l'acide fulfureux, puis de l'acide vitriolique; le réfidu de la diftillation, après avoir été leffivé, fournit du fel de Sedlitz.

Les différentes efpèces de ftéatites ne font point propres à décompofer le nitre comme les pierres ollaires.

(x) La ftéatite produifant du fel de Sedlitz par l'intermède de l'acide vitriolique, feroit peut-être mieux claffée après la manganaife, mais je l'ai placée ici après les pierres ollaires pour faire voir qu'elle diffère de ces dernières avec lefquelles on a coutume de la ranger.

PREMIÈRE ESPÈCE.

Stéatite solide, Pierre de lard de la Chine.

Elle est blanche, grisâtre ou verdâtre, demi-transparente ou opaque, d'un grain très-fin & susceptible d'un certain poli Les Chinois en font des magots & des vases de différentes formes.

DEUXIÈME ESPÈCE.

Stéatite striée.

On a donné le nom de *pierre néphrétique* (y) à une espèce de stéatite d'un gris verdâtre & striée, sur laquelle on trouve des taches noires, elle ressemble extérieurement à certaines serpentines.

M. Reinhold Forster m'a donné une stéatite striée, verte, transparente, assez dure pour faire feu avec le briquet, de la baie de la Reine Charlotte dans la nouvelle Zélande.

____

(y) Le jade est aussi connu sous le nom de *pierre néphrétique*, mais les amulettes qu'on en taille n'ont pas plus de vertu que celles qu'on fait avec la stéatite, la serpentine & autres pierres.

TROISIÈME ESPÈCE.

Stéatite feuilletée, Talc de Venise, Talc ou craie de Briançon (z).

Cette pierre varie singulièrement par sa couleur & le plus ou le moins de solidité de son tissu, elle paroît grasse & onctueuse au toucher ; comme les particules qui s'en détachent alors rendent la peau lisse & luisante, on l'a trouvée très-propre à servir de base à différens cosmétiques. On emploie sur-tout à cet usage la stéatite blanche feuilletée, connue sous le nom de *talc de Venise.* Elle a une teinte verdâtre, mais par la préparation qu'on lui donne, elle devient blanche argentée & très-propre à blanchir la peau.

La craie de Briançon, dont le fond est verdâtre avec des taches d'un vert noirâtre, doit

---

(z) Le nom de *talc* a été donné indifféremment à toutes les pierres qui se divisent en feuillets luisans ou transparens, telles que le gypse cristallisé, les mica, les stéatites feuilletées, &c. mais on doit le restreindre à ces dernières. Quant à la dénomination impropre de *craie de Briançon*, elle vient de l'usage où sont les Tailleurs de se servir de cette pierre comme de la craie proprement dite pour tracer leur ouvrage sur le drap & autres étoffes, de-là le nom latin *creta sartoria.*

fa couleur au fer. Elle eſt un peu plus com-
paƈte que le talc blanc, & ſert principalement
aux Tailleurs pour tracer la coupe des étoffes.

Le talc blanc de Briançon, calciné à un
feu violent, devient un peu moins peſant,
s'exfolie, perd avec ſon onƈtuoſité le peu de
tranſparence qu'il avoit & prend le brillant du
talcite.

Celui qui eſt verdâtre devient jaunâtre après
avoir été calciné, & ſes taches prennent une
couleur noire.

QUATRIÈME ESPÈCE.

Stéatite pulvérulente.

Les molécules qui la compoſent n'ont pas
plus de cohérence entre elles que la craie ; cette
eſpèce de ſtéatite, expoſée à un feu violent,
y acquiert de la ſolidité ſans s'y vitrifier.

CINQUIÈME ESPÈCE.

Talcite.

Le talcite eſt ordinairement opaque, ſolide
& compoſé de petits feuillets brillans. Cette
pierre reſſemble au talc blanc de Briançon
calciné.

Le talcite n'a pas la propriété de décomposer le nitre, je le regarde comme une stéatite altérée.

Bafalte, Schorl ou Schirl, Cockle ou Coll des Anglois.

Sans difcuter ici l'origine des bafaltes, je me contenterai de les claffer relativement à leurs parties intégrantes, & de remarquer qu'en général ces pierres font très-fufibles par elles-mêmes; qu'à un feu médiocre elles produifent une fritte cellulaire, & qu'elles fe convertiffent en verre ou en émail à un degré de feu plus confidérable; ces émaux font plus ou moins colorés fuivant la quantité de terre martiale que le bafalte contenoit; ce n'eft point par la couleur de ces pierres qu'on peut juger de la quantité du fer qui s'y rencontre, puifque le fchorl noir de Madagafcar n'en contient prefque pas, tandis que les bafaltes blanchâtres en renferment fouvent beaucoup.

Les bafaltes font des pierres tantôt opaques, tantôt tranfparentes, dont le grain eft plus ou moins fin & ferré, le tiffu fouvent lamelleux ou fibreux, quelquefois granuleux; ils affectent différentes formes, la prifmatique eft la plus

ordinaire , alors ils font aux criftaux gemmes *(a)*
ce que le borax eft au fel fédatif ; ces deux
combinaifons falines , le bafalte & le borax font
avec excès d'alkali , & c'eft à cet excès qu'eft
dûe la facilité avec laquelle ils fe fondent ; il
eft probable qu'on doit rapporter à la même
caufe la forme prifmatique alongée qu'ont
ordinairement ces deux fels.

La diftillation des bafaltes avec l'acide vitriolique , fait connoître , qu'outre les parties intégrantes que je viens de citer , ils contiennent
fouvent du fer , de la terre alumineufe & de
la magnéfie.

Si l'on diftille deux parties d'huile de vitriol
avec une partie de bafalte noirâtre , tel que
celui de la chauffée des Géans , il fe dégage
de l'acide fulfureux ; le réfidu de la diftillation
eft grifâtre , fa leffive eft d'un jaune verdâtre ,
& produit par l'évaporation , du vitriol martial,
de l'alun & un peu de fel de Sedlitz ; le réfidu
de cette leffive ayant été expofé à l'action d'un
feu violent , s'eft converti en un émail noir ,

(a) Les criftaux *gemmes* , tels que le diamant , font des
fels neutres formés d'alkali fixe & d'acide phofphorique ;
le fel neutre phofphorique qui entre comme partie conftituante
dans tous les bafaltes eft de même nature.

moins fufible que n'étoit le bafalte avant cette diftillation parce qu'il contient moins de fer.

Ce bafalte, d'un gris noirâtre, n'eft point fenfiblement décoloré par l'acide marin, tandis que les morceaux de lave cellulaire noire le font entièrement par ce menftrue ; par la perte du fer qui leur fervoit de gluten ils font réduits en une poudre blanche qui eft un vrai quartz ; ce dernier, lorfqu'on l'expofe au feu le plus fort, n'éprouve point d'altération. L'acide vitriolique décolore auffi la lave noire en lui enlevant le fer qu'elle contient & la réduit à l'état de quartz blanc ; il réfulte de ces expériences, que le bafalte diffère effentiellement des laves poreufes, que ces deux fubftances n'ont de reffemblance entre elles qu'en ce que toutes deux étant expofées à l'action d'un feu violent fe changent en un émail noir.

Il eft donc évident que le bafalte eft une pierre d'une nature fingulière & fufible fans le concours du fer, tandis que les laves font des efpèces de frites ou de vitrifications ébauchées qui contiennent du quartz & du fer auquel elles doivent leur fufibilité.

Première espèce.

Basalte ou *Schorl blanc rhomboïdal.*

Ces cristaux, qu'on trouve ordinairement en groupes, sont des rhombes d'une ligne d'épaisseur sur trois de longueur & deux de largeur; ils sont taillés en biseau sur les quatre bords, d'où résulte un décahèdre; leur gangue est un basalte solide de la même nature avec des veines bleues, demi-transparentes; on rencontre quelquefois à la surface de cette espèce de schorl d'autres cristaux solitaires en cubes rhomboïdaux dont les faces sont striées en sens contraires; ces derniers cristaux, plus durs & plus transparens que les premiers, ont aussi une légère teinte de bleu. Ce basalte se trouve à Barège entre des lits d'amiante; lorsqu'on l'expose au feu il se fond & produit un beau verre blanc.

Deuxième espèce.

Basalte ou *Schorl blanc en prismes striées.*

Ce schorl, demi-transparent ou opaque, est composé de prismes réunis & striés, qui se séparent facilement; on en trouve quelquefois de différentes couleurs dans le même morceau;

M. Delisle a dans son Cabinet un morceau de cette espèce où l'on remarque alternativement du blanc & du violet dans du quartz mêlé de mica d'Altenberg.

On voit dans le Cabinet de M. le Comte d'Angiviller, du schorl prismatique strié, d'un blanc bleuâtre.

Ces différentes espèces de basalte, perdent leur couleur au feu ; ils s'y fondent & produisent un verre blanc.

TROISIÈME ESPÈCE.

Basalte ou *Schorl coloré par du fer.*

Il y en a de vert, de rougeâtre & de noir, & il est ou strié, ou feuilleté, ou grenu ; exposé au feu, il produit un émail noir.

QUATRIÈME ESPÈCE.

Basalte cristallisé en prismes tétrahèdres, Macle.

Les macles se trouvent principalement dans le canton des Salles de Rohan, enclavées dans un schiste bleuâtre plus ou moins dur ; c'est un basalte en prismes quadrangulaires plus ou moins longs qui portent à chaque extrémité, fur un fond blanc jaunâtre , l'image d'une croix de Saint-André , figurée par deux lignes bleuâtres ; ces lignes en fe croifant diagonalement , forment au centre de la pierre un noyau bleuâtre qui conferve la même figure carrée dans toute la longueur du prifme. *Voyez la planche III , n.ᵉ 22 de la* Criftallographie de M. Déromé Delifle.

Les macles de Bretagne diffèrent de celles de Compoftelle en ce que celles-ci font d'une groffeur plus confidérable , & que les côtés de leur prifme font arrondis avec quatre finus , fans lefquels il feroit cylindrique , comme l'obferve M. Delifle , *page 166* de fa Criftallographie.

C I N Q U I È M E E S P È C E.

Bafalte en prifmes hexahèdres , Pierre de croix.

« Cette forme plus ou moins régulière ,
» comme le dit M. Delifle , dans fa Criftallo-
» graphie , eft dûe à la réunion de deux
» prifmes hexagones tronqués , qui fe joignent
» tantôt à angles droits , tantôt en fautoir ou
» en croix de Saint-André. Selon la régularité
» plus ou moins grande de ces prifmes , felon
» leurs proportions réciproques , leur nombre

& l'endroit de l'infertion, le groupe qui en «
réfulte, imite plus ou moins bien une croix ; «
tantôt ces prifmes ont leurs fix côtés égaux «
& oppofés deux à deux ; tantôt leurs côtés «
font inégaux & le prifme eft un peu com- «
primé ; lorfqu'un de ces hexagones comprimés «
eft coupé à angles droits par un autre hexa- «
gone femblable, mais plus petit, il en réfulte «
une efpèce de croix de Malte. »

Ces pierres de croix fe trouvent en divers endroits de la Bretagne, fur-tout dans les paroiffes de Baud au canton de Couetligué & de Plumellin, dans l'efpace de plus de trois quarts de lieue, ainfi que dans le diocèfe de Quimper.

La macle & la pierre de croix expofées au feu, fe bourfoufflent, fe fondent & produifent un émail blanchâtre, parfemé de bulles d'émail noir.

Le fel de Seignette criftallifé par l'évaporation infenfible, fournit des prifmes hexahèdres, croifés comme dans la pierre de croix.

SIXIÈME ESPÈCE.

Bafalte ou *Schorl de Madagafcar.*

Ces criftaux, pour l'ordinaire opaques &

d'un beau noir luisant, ont dans leur fracture un éclat vitreux.

Le schorl de Madagascar, cristallise en prismes à neuf pans, d'inégale largeur, dont quelques-uns sont à stries longitudinales très-fines & peu marquées. Le prisme est terminé par des pyramides triangulaires, obtuses, à plans rhomboïdes & inégaux.

Le schorl noir, exposé à un feu violent, s'y réduit en un émail d'un gris blanchâtre.

Septième espèce.

Tourmaline.

Le basalte, qu'on nomme *tourmaline*, affecte exactement la même forme que le schorl de Madagascar ; cette pierre peu transparente & d'un jaune rougeâtre, nous est apportée de Ceylan par les Hollandois ; lorsqu'on l'expose à un feu violent, elle se convertit en un émail blanc ; cette pierre est sur-tout remarquable par les phénomènes qu'elle présente lorsqu'on n'a fait que la chauffer : les résultats suivans sont tirés de la Cristallographie de M. Delisle, *page 269.*

1.° La tourmaline a la propriété d'acquérir une vertu électrique lorsqu'elle est exposée à

un

un feu médiocre & de n'en point fouffrir d'altération. 2.° De s'électrifer par le feu & la chaleur, même dans l'eau, beaucoup plus que par le frottement. 3.° D'attirer & de repouffer, même à travers le papier, les corps légers, tels que la cendre & la pouffière de charbon. 4.° De ne donner ni chaleur ni étincelles, de n'avoir point de pôles, & d'agir fi l'on veut au bout d'un conducteur métallique. 5.° De repouffer, à mefure qu'elle fe refroidit, les corps qu'elle a attirés en s'échauffant. 6.° De rejeter plus vivement les paillettes où l'on préfente les pointes. 7.° D'être attirée par un tube électrifé, loin d'en être repouffée. 8.° De n'être point arrêtée dans fon activité par la préfence de l'aimant. 9.° De ne perdre fon électricité par aucun des moyens ordinaires de la machine électrique, ni par les pointes. 10.° De n'avoir plus d'électricité lorfqu'elle eft trop échauffée, &c. On a encore remarqué que deux tourmalines fufpendues & échauffées, s'attirent & ne fe repouffent point ; que la diftance des répulfions eft plus grande que celle des attractions ; que l'un des côtés de cette pierre repouffe, tandis que l'autre attire, fi elle s'échauffe également ; qu'en l'échauffant par le frottement, la partie frottée attire, tandis que l'autre repouffe.

Plusieurs de ces propriétés lui sont communes avec les cristaux *gemmes*.

C'est à Mrs Lémeri & Adanson qu'on est redevable de la plupart des expériences qui ont été faites sur la tourmaline.

HUITIÈME ESPÈCE.

Grenat ou *Basalte cristallisé en prismes courts hexahèdres, terminés par deux pyramides trihèdres obtuses, dont les plans sont des rhombes, de même que ceux du prisme.*

Le grenat varie par sa couleur & sa forme; sa figure la plus ordinaire est le dodécahèdre que je viens de décrire, il y en a qui ont vingt-quatre facettes trapézoïdales, formées par deux pyramides octahèdres jointes base à base & tronquées aux sommets. *Tabl. Cristall. n.*° *I I 0, pl. VIII, fig. 8*, &c. de M. Delisle.

Suivant le même Auteur, le grenat a trente-six facettes est un dodécahèdre rhombéal dont tous les bords sont tronqués.

On doit rapporter tous les grenats, dits *orientaux*, aux trois variétés suivantes, qui sont: le grenat purement rouge, sans mélange d'aucune autre couleur, ou *l'escarboucle*; le grenat rouge tirant sur le jaune, ou *vermeille ;* & le grenat rouge tirant sur le violet, ou *syrien.* Cristallographie, *page 278.*

Les grenats de Bohème sont ordinairement d'un beau rouge si foncé, qu'ils paroissent noirs *(b)* ; ils sont nets & presque sans taches.

On trouve à Eibenstock en Saxe, des grenats verdâtres, on en voit aussi de jaunâtres. Ces cristaux qui se rencontrent presque toujours solitaires ou enchatonnés dans des basaltes, des quartz & des mica, varient beaucoup en grosseur ; j'en ai vu qui pesoient plus d'une livre ; les uns & les autres, exposés à un feu violent, s'y changent en un émail d'un rouge noirâtre, quelquefois demi-transparent. L'expérience suivante fait connoître que les grenats doivent leur couleur au fer qu'ils contiennent. Ayant distillé une partie de grenats avec huit parties de sel ammoniac, il s'est sublimé du sel ammoniac coloré en jaune par du fer.

(b) J'ai des grenats feuilletés, de la largeur d'un pouce, & de l'épaisseur d'une ligne, dans un mica noirâtre.

NEUVIÈME ESPÈCE.

Basalte en colonnes polygones à quatre, cinq, six, sept, huit & neuf pans inégaux, tronquées ou terminées par un sommet trihèdre.

Ces prismes de basalte s'adaptent régulièrement les uns aux autres, sans adhérence réciproque ; leur couleur est noirâtre ou gris-defer, ils ont un grain fin, serré, plein, uni & presque toujours parsemé de points brillans.

On a donné le nom de *pavé* ou *chaussée des géants* à un assemblage d'environ trente mille colonnes prismatiques de basalte articulé, qui se voit dans le comté d'Antrim en Irlande. Cet assemblage forme une espèce de triangle qui va se perdre en pente douce dans la mer, sans qu'on sache jusqu'où il s'étend. *Voyez* la Cristallographie de M. Delisle, *page 255.*

On trouve en Auvergne, près le village d'Espailly, sur le territoire de Farraignhe, une carrière abondante en prismes de basalte non articulés. Il est plein, sonore & d'un gris foncé ; la hauteur des colonnes prismatiques, exploitées depuis le sommet jusqu'à la surface de la rivière, a trente-quatre toises. M. Varennes de Beoſt dit, dans ſon *Voyage d'Auvergne*, qu'on pourroit trouver trois fois autant de hauteur ſi l'on comptoit d'un endroit où l'on a poſé une croix, ce qui feroit ſix cents douze pieds.

Il ſe détache quelquefois des maſſes de baſalte, de trente toiſes de longueur ſur quinze ou vingt de hauteur & de pluſieurs de profondeur; on les trouve ſouvent couchées horizontalement.

Le diamètre de ces priſmes a un pied, un pied & demi, & quelquefois plus. Les priſmes à cinq pans, qu'on trouve proche le village d'Uſſon, n'ont pas plus de huit à neuf pouces de diamètre; les priſmes articulés du comté d'Antrim, meſurés d'un angle à l'autre, ont depuis un juſqu'à trois & quatre pieds de diamètre; les articulations de ces priſmes ont ſouvent dix à douze pouces d'épaiſſeur, quelquefois beaucoup plus; les ſurfaces qui forment les aſſiſes du priſme, ſont alternativement concaves & convexes, de manière que la convexité d'une articulation s'emboîte dans la concavité de l'autre; les portions concaves ou convexes ſont parfaitement rondes; il reſte autour de la circonférence un rebord plat, large d'environ un pouce & du même nombre de côtés que le priſme.

Les rochers de Blaud, situés à une lieue de Langeac en Auvergne, sont composés de prismes articulés, d'un gris d'ardoise, dans l'intérieur desquels on trouve des espaces plus ou moins grands, de diverses formes & exactement remplis de cristaux verdâtres & transparens, mal liés & s'égrénant facilement ; ces cristaux sont des chrysolites qui ne s'altèrent point au feu.

Le basalte articulé qu'on trouve proche Saint-Alcon en Auvergne, ne contient point de chrysolites comme celui de Blaud. Il y a dans cet endroit une colonnade de prismes, dont la façade porte vingt à vingt-cinq toises de longueur ; quelques-uns de ces prismes ont vingt-un pouces de diamètre ; la distance qui se trouve entre les grandes colonnes prismatiques est entièrement remplie par de plus petites, dont les côtés sont plus étroits. Jamais deux colonnes n'ont tous leurs côtés égaux, les unes auront un côté de huit pouces, un autre de dix-sept, un autre de treize, de dix-huit, de quatorze, &c.

DIXIÈME ESPÈCE.

Bafalte feuilleté, Pierre de touche, Trapp des Suédois.

M. Pazumot, dans un Mémoire fur les terreins volcanifés, rapporte qu'il a trouvé en Auvergne du bafalte feuilleté; que les plus grandes plaques ont huit pieds; que leur épaiffeur eft de trois à fix pouces, & qu'il y en a qui fe divifent en feuillets minces comme l'ardoife; on emploie ceux-ci pour couvrir les maifons.

La couleur du bafalte feuilleté eft d'un gris noirâtre. Les Suédois ont défigné ce bafalte fous le nom de *trapp (c)*, parce que dans fa fracture irrégulière, les couches dont il eft compofé imitent en quelque forte les marches d'un efcalier.

La pierre de touche eft un *trapp* ou bafalte feuilleté, affez dur pour recevoir le poli. Lorfqu'on frotte un métal fur cette pierre, il y laiffe un trait coloré, qui cède à l'action de l'acide nitreux précipité fi c'eft du cuivre, du

---

(c) Trapp fignifie efcalier. Les Suédois emploient le trapp dans leurs verreries pour en faire des bouteilles.

fer ou de l'argent dont on s'est servi ; l'or n'en reçoit aucune altération. L'acide sulfureux produit en ceci le même effet que l'acide nitreux.

Les Égyptiens faisoient des statues & différens vases avec un basalte noir, susceptible d'un beau poli.

On trouve dans le basalte feuilleté, des pyrites cuivreuses de différentes formes. J'ai dans mon Cabinet un morceau de *trapp* dont l'intérieur est parsemé de pyrites cuivreuses rhomboïdales.

M. Wallerius a désigné sous le nom générique de *lapis corneus*, roche de corne, les différentes espèces de basalte dont je viens de faire mention.

ONZIÈME ESPÈCE.

Basalte en poussière.

On trouve abondamment dans les Pyrénées une espèce de sablon noirâtre, très-divisé, qui n'est autre chose que du basalte en poussière ; seroit-ce un produit de la décomposition des basaltes en prismes *(d)* !

____

(d) Aëris injurias cornei lapides sustinere non possunt ; conspiciuntur etenim non rarè qui in superficie fusco, rubiginoso gaudent colore, alii qui cinereo & magis lucido sunt præditi ; quibus factis interior substantia videtur quasi crudo arenario vel granulari esse cincta, eâ latitudine ad quam destructio

Les bafaltes en pouffière, de même que les bafaltes en prifmes & les bafaltes feuilletés, étant expofés à un feu violent, s'y changent en un émail noir, femblable au verre de volcan, connu fous le nom de *pierre obfidienne, lapis obfidianus.*

DOUZIÈME ESPÈCE.

Amiante, Lin foffile.

L'amiante eft flexible fans élafticité ; il entre facilement en fufion & produit un émail blan-châtre, ce qui me porte à croire qu'il tient plutôt de la nature du bafalte que de celle de la pierre ollaire, car cette dernière ne fe fond point au feu.

L'amiante eft ordinairement compofé de fibres flexibles & parallèles, qui lui ont fait donner le nom de *lin foffile* ; il varie dans fa couleur.

L'amiante de la Chine eft blanc & luifant comme du fatin ; expofé à un feu violent, il produit un émail blanc.

---

penetravit, &c. Hæc deftructio dependet fine dubio ab aquâ aëreâ particulas martiales folvente, atque micaceas vel terreftres molliores particulas fuo nexu relaxas abluente. Waller. Syft. miner. *Vol. I, page 364.*

L'amiante des Pyrénées est d'un blanc grisâtre & se trouve ordinairement avec un basalte blanc, rhomboïdal; cet amiante entre plus aisément en fusion que le précédent; il produit un émail noir par la terre martiale qu'il contient.

On trouve de l'amiante par couches ou par veines dans différentes pierres qu'il pénètre & où il est, pour ainsi dire, enchâssé.

Cuir ou chair fossile.

Lorsque les fibres de l'amiante sont entrelassées & disposées de manière à former des feuillets, on le nomme *amiante feuilleté*, *cuir ou chair fossile*; le *liége fossile* est un amiante dont les fibres sont confondues & rassemblées en une masse légère à peu-près comme le liége.

Lorsque ces différentes sortes d'amiante ne contiennent pas de fer, elles produisent un émail blanc par la fusion.

TREIZIÈME ESPÈCE.

Asbeste.

L'asbeste est ordinairement composé de fibres parallèles plus ou moins fragiles, qui diffèrent en couleur, en grosseur & par leur arrangement;

il y en a de blanc *(e)*, de gris, de vert, de jaunâtre & il se trouve souvent confondu avec l'amiante.

Lorsque l'asbeste est coloré, il produit par la fusion un émail noir.

Cristaux gemmes (f). Diamant.

La pierre précieuse à laquelle on a donné le nom de *diamant*, est un sel neutre, composé d'acide phosphorique *(g)* & d'alkali fixe. Lorsqu'on jette de la poudre de diamans sur des charbons ardens, elle brûle, scintille & répand une lumière éclatante comme le spath phosphorique; ce phénomène, de même que celui de l'évaporation du diamant, lorsqu'il est pénétré d'une chaleur convenable, est dû à l'acide phosphorique qui entre dans la composition de ce sel.

Quand on expose un diamant à un feu propre à le décomposer, il perd son poli, s'exfolie, produit une lumière distincte qui forme une auréole autour de lui; il continue ainsi à se décomposer en répandant des vapeurs

---

(e) L'asbeste blanc a été nommé *faux alun de plume*.

(f) De *gemma*, pierre précieuse.

(g) L'*acidum pingue* se trouve peut-être le plus pur dans le diamant, dit Meyer, *Essai sur la Chaux*, Tome II, p. 202.

âcres; l'acide du diamant devenu libre, s'unit au phlogistique des charbons, d'où résulte un phosphore, lequel forme, en se décomposant, le disque de lumière que l'on aperçoit alors; l'alkali fixe qui servoit de base au diamant est enlevé dans le temps de la déflagration du phosphore.

Parmi les Chimistes françois, M. Darcet est un de ceux qui a écrit avec le plus de connoissance sur la nature & les phénomènes que présente la décomposition du diamant. Cet Auteur raporte que les diamans que Côme III, père de Jean-Gaston de Médicis, fit exposer à Florence au foyer du miroir ardent, se gercèrent, devinrent laiteux, éclatèrent & se dissipèrent. Il dit que les diamans ne se sont trouvés jusqu'ici dans les deux Indes qu'à peu-près au même degré & à la même distance de l'Équateur, c'est-à-dire jusqu'à environ 18 degrés de chaque côté de la Ligne, avec cette différence que dans l'Orient les mines connues sont au Nord de la Ligne, & en Amérique au contraire au Midi.

Il vient des deux Indes des diamans durs & tendres, les défauts & les avantages leur sont communs & réciproques.

Les diamans sont composés de feuillets très-minces, appliqués les uns sur les autres, ce qui les rend propres à produire la réfraction de la lumière; c'est cette même disposition des lames qui oblige le Lapidaire à chercher le fil de la pierre pour *cliver* ou fendre le diamant & pour lui donner le poli, sans cela il s'échaufferoit sans prendre le poli comme il arrive dans ceux que les Lapidaires appellent *diamans de nature* qui n'ont pas le fil dirigé uniformément *(h)*.

M. Deromé Delisle dit que le diamant possède à un tel point la propriété d'attirer le mastic noir, que c'est une des marques principales à laquelle on reconnoît s'il est véritable.

Les diamans ne sont pas toujours blancs, leur couleur varie à l'infini; il y en a de couleur de rose, de verts, de bleus, de jaunes, d'orangés, de roux & de noirâtres; ils se trouvent presque toujours encroûtés, c'est-à-dire couverts d'une matière qui a la couleur & la consistance du spath.

(h) M. Deromé Delisle, *pages 194 & suiv.* de sa Cristallographie, a donné une Dissertation très savante sur les diamans & les pierres précieuses.

PREMIÈRE ESPÈCE.

Diamant d'Orient, Pointes naïves.

Sa forme est un octahèdre régulier.

Les diamans que Jean de Laët a désignés sous le nom de *diamans de Malacca*, sont arrondis ou roboles comme s'expriment les Joailliers.

M. Deromé Delisle cite, d'après Cappeller, des diamans dodécahèdres composés de rhombes.

M. d'Engestrom, célèbre Minéralogiste Suédois, à qui l'on est redevable de la traduction de la Minéralogie de Cronstedt en Anglois, dit, dans ses notes, qu'il a vu un diamant brut à quatorze facettes, formé par un cube régulier dont tous les angles solides étoient tronqués *(i)*.

DEUXIÈME ESPÈCE.

Diamant rouge, Rubis.

Sa forme est ordinairement octahèdre comme celle du diamant, dont il diffère en ce qu'il ne s'altère pas au feu.

(i) J. have lately seen a rough diamond or in its native state, in a regular cube with its a angles truncated or cut off. *Syst. of miner. page* 4 *S.*

La couleur des rubis eſt d'un rouge plus ou moins foncé : à raiſon de leur couleur, ils ont été diſtingués en rubis oriental, rubis balais, rubis ſpinel & rubicelle.

On ne connoît que deux contrées dans l'Orient d'où l'on tire le rubis, le royaume de Pégou *(k)* & l'île de Ceylan ; ces rubis d'Orient ſont plus foncés en couleur & plus durs que le rubis du Breſil.

Quoique j'aie dit ci-deſſus que la criſtalliſation du rubis eſt octahèdre, il y a des rubis du Breſil compoſés d'un priſme à pluſieurs pans, terminé par des pyramides. Il y a lieu de croire que c'eſt un rubis de cette eſpèce que le duc de Toſcane fit expoſer au foyer du miroir ardent ; quarante-cinq minutes après, le rubis perdit une partie de ſa couleur, ſa ſurface & ſes angles s'arrondirent, il ſe couvrit de bulles & s'amollit au point de prendre l'impreſſion d'un cachet de jaſpe ; on y fit auſſi

____

(k) M. Deromé Deliſle dit, dans ſa Criſtallographie, *page 219*, que la mine du Pégou, qui eſt la plus abondante, eſt dans une montagne appelée *Capelan*, environ à douze journées de Syrian, ville où le Roi fait ſa réſidence.

Les Pégouans appellent *rubis* toutes les pierres précieuſes de couleurs.

des entailles avec un couteau, pendant ce
temps il ne perdit point de son poids.

Le rubis oriental octahèdre exposé au miroir
ardent, n'y a point éprouvé d'altération ; je
n'ai pu le vitrifier en employant la litharge &
l'alkali fixe.

J'ai fondu une partie de rubis avec dix parties
de verre de borax, ils se sont très-bien vitrifiés
& ont produit un verre verdâtre transparent.

J'ai distillé une partie de rubis avec huit
parties de sel ammoniac qui se sont sublimées
& colorées en jaune par le fer qui étoit contenu dans le rubis.

Hyacinthe.

Cette pierre, qui est d'un rouge tirant sur
le jaune, exposée au feu le plus violent, y perd
de sa couleur & conserve sa transparence ; ses
cristaux se vitrifient à leur surface, ce qui les
fait adhérer entr'eux & aux parois du creuset.

L'hyacinthe cristallise en prismes tétrahèdres,
terminés par deux pyramides courtes, tétrahèdres, égales, dont les plans répondent aux
angles du prisme. On en trouve dans le
ruisseau d'Espailly, à une demi-lieue de la
ville du Puy en Vélai, on les nomme *jargons
d'hyacinthe du Puy.*

Topaze.

Topaze.

Il ne faut pas confondre ce genre de pierres avec une espèce de cristal de roche jaune qu'on trouve en Bohème ; la topaze, composée de feuillets comme le diamant, est formée comme lui d'acide phosphorique & d'alkali.

PREMIÈRE ESPÈCE.

Topaze orientale.

Ses cristaux sont des octahèdres tronqués ; sa couleur est d'un jaune clair & ne s'altère point au feu.

DEUXIÈME ESPÈCE.

Topaze du Bresil.

C'est un prisme tétrahèdre rhomboïdal, dont les plans sont striés, terminé par deux pyramides aussi tétrahèdres, dont les plans triangulaires & lisses répondent aux faces du prisme.

La couleur est plus jaune & plus foncée dans cette espèce que dans celle d'Orient. Lorsqu'on expose la topaze du Bresil à un feu propre à la faire rougir, elle devient couleur de rose, & acquiert les propriétés électriques de la tourmaline ; la même topaze ayant été laiſſée dans un feu très-violent l'eſpace d'une demi-heure, y a pris une couleur violette & a perdu ſa propriété électrique.

TROISIÈME ESPÈCE.

Topaze de Saxe.

C'eſt un priſme oblong, ſub-octahèdre, dont les côtés ſont inégaux, terminé par deux pyramides hexahèdres tronquées. M. Deliſle, Criſtallographie, *pl. IX, lett. g.*

Ces topazes ſe trouvent avec du criſtal de roche dans les cavités de la montagne de Schneckenberg près de la vallée de Tonneberg, à deux milles d'Averbac dans le Voigtland.

La topaze de Saxe, expoſée au feu, s'eſt diviſée en deux, y a perdu ſa couleur, eſt devenue blanche & tranſparente. Le feu, comme on le voit, fait éprouver de l'altération aux topazes du Breſil & de Saxe, mais il ne les vitrifie pas.

Saphir d'Orient.

La couleur bleue des ſaphirs eſt quelquefois ſi foncée, qu'ils paroiſſent noirs, mais les tables qu'on en ſépare ſont d'un bleu vif.

J'ai vu un saphir brut d'Orient, d'une netteté & d'une transparence parfaite, sa crif-tallifation étoit un cube rhomboïdal à côtés inégaux, il pefoit 132 karats un huitième.

M. Deromé Delifle a dans fa collection, des faphirs d'Orient, criftallifés fous la forme de deux pyramides oblongues, hexagones, oppofées bafe à bafe. Les uns font d'un blanc bleuâtre, d'autres font du plus beau bleu vers la pointe, mais parfaitement blancs & diaphanes dans le refte de leur longueur.

Saphir du Brefil.

On en voit plufieurs de cette efpèce dans le Cabinet du Roi ; celui dont la criftallifation eft la plus complette eft d'une belle eau & affez vif en couleur ; c'eft un prifme comprimé, à fix pans d'inégale largeur, les deux plus larges font oppofés & liffes, les quatre autres, petits & légèrement ftriés, le fommet du prifme eft dihèdre, fes plans font inégaux, le plus large eft un pentagone irrégulier, l'autre eft trapèze. Criftallographie de M. Delifle, *pl. III, fig. 5.*

Saphir du Bresil en prisme à neuf pans d'inégale largeur & striés.

Ce cristal est à peu-près semblable au schorl de Madagascar ; sa couleur est si foncée qu'il paroît noir & opaque : on en a enlevé & poli une table qui est transparente & du plus beau bleu ; le prisme de ce saphir a près d'un pouce de diamètre & environ dix lignes de haut.

On voit encore dans le Cabinet du Roi un saphir bien transparent, d'un blanc bleuâtre, également remarquable par sa forme & par sa grosseur. C'est un prisme cassé dans le milieu de sa longueur, mais on peut juger par ce qui reste que le prisme complet devoit avoir neuf pans striés, terminés par une pyramide tronquée à huit pans.

Ce cristal a deux pouces de haut sur dix-huit lignes de large dans son grand diamètre ; il est feuilleté comme le diamant dont il a la dureté.

On a fait mention de saphirs dont la moitié étoit bleue & l'autre rouge comme le rubis.

M. le comte d'Angiviller a dans son Cabinet, une tête de Minerve en bas-relief, de la grandeur de deux pouces, faite d'une prime de saphir demi-transparente, où l'on remarque de petites portions d'émeraude.

Ayant exposé des saphirs au feu le plus violent, ils y ont perdu de leur couleur, sont devenus noirâtres & presque opaques ; l'adhérence qu'ils avoient contractée par les côtés où ils se touchoient, fait connoître qu'ils avoient éprouvé un commencement de vitrification.

Je crois que le saphir doit sa couleur à du fer.

Émeraude du Pérou.

Sa forme est un prisme hexahèdre, tronqué aux deux bouts ; la matrice ordinaire de l'émeraude est le quartz, & elle est souvent parsemée de pyrites cuivreuses.

J'ai vu une émeraude cristallisée, d'une belle couleur verte, dans une géode calcaire, qui étoit elle-même recouverte de schiste.

L'émeraude doit sa couleur verte à du cobalt ; elle est plus ou moins foncée, plus ou moins transparente.

Les émeraudes que j'ai exposées à un feu violent sont devenues opaques & d'un blanc verdâtre ; elles adhéroient entr'elles, ce qui fait connoître qu'elles avoient éprouvé un commencement de vitrification.

L'émeraude que le duc de Toscane fit exposer au foyer du miroir ardent, se fondit très-promptement & forma des bulles ; après quarante secondes, elle parut d'une couleur de cendre ; quelque temps après, sa couleur devint verte, opaque & foncée ; ensuite elle s'éclaircit & prit la couleur de turquoise ; celle-ci se changea en un beau bleu-céleste, clair & transparent ; l'émeraude alors avoit été tenue une demi-heure au foyer du miroir ardent.

La chrysoprase, dont il sera fait mention plus bas, doit également sa couleur verte à du cobalt ; en fondant cette pierre avec deux parties de verre de borax, elle produit un très-bel émail bleu.

Émeraude ou *Péridot du Bresil.*

Sa couleur est d'un vert foncé, avec une teinte rembrunie qui ne flatte point la vue. Il y a dans le Cabinet du Roi, un péridot en prisme à six pans d'inégale largeur, dont trois larges & trois étroits ; un des plus larges est lisse, les deux autres striés ; des trois pans étroits, l'un est relevé de trois cannelures, deux sont légèrement striés ; l'une des extrémités du prisme est incomplette, l'autre est terminée par une pyramide très-obtuse, pentahèdre, ayant deux de ses plans triangulaires & les trois autres trapèzes, dont un plus large.

Je crois, avec M. Deromé Delisle, que le sommet pentahèdre de ce prisme n'est qu'une variété accidentelle, parce que ces prismes sont ordinairement terminés par un sommet trihèdre, dont les plans sont rhomboïdes.

J'ai reconnu que l'émeraude du Bresil acquéroit, après avoir été chauffée, la propriété électrique de la tourmaline & de la topaze du Bresil; qu'elle perdoit, ainsi qu'elles, cette propriété si on la faisoit rougir au feu, & qu'en continuant à la laisser exposée à la violence du feu, elle y devenoit grise & opaque.

Améthiste basaltine.

Les cristaux de ce basalte violet sont des prismes à douze pans, tronqués à leurs extrémités & légèrement striés sur leurs pans; ces cristaux sont agréablement groupés & déposés sur un quartz opaque, dont une des faces est parsemée de spath phosphorique cubique & violet, de Schneberg en Saxe.

Ces cristaux d'améthiste basaltine *(1)* n'ont

____

(1) M. le comte d'Angiviller en a de très-beaux groupes dans son Cabinet.

souvent que deux à trois lignes d'épaisseur ; il y en a d'une couleur très-pâle, qui servent de gangue à des mines d'étain de Saxe. Ils sont presque toujours accompagnés d'une argile blanche, très-fine.

L'améthiste basaltine perd sa couleur au feu ; je n'ai pas remarqué qu'elle s'y vitrifiât ; cette pierre est plus dure que le quartz coloré en violet que les Joailliers vendent sous le nom d'*améthiste*.

Chrysolite.

La chrysolite est d'un vert clair, tirant sur le jaune ; cette pierre, très-dure, ne perd point sa couleur au feu le plus violent, elle paroît s'y vitrifier à sa surface, mais sans se déformer.

La cristallisation de la chrysolite est un prisme hexahèdre à côtés inégaux, terminé par deux pyramides tétrahèdres cunéiformes. Cristallographie de M. Delisle, *pl. III, fig. 17 ; & pl. IX, lett. I.*

J'ai trouvé dans les basaltes d'Auvergne une très-grande quantité de chrysolites en grains irréguliers.

M. le comte d'Angiviller a dans son Cabinet, une masse de chrysolite transparente, longue de

deux pouces, large & épaisse de quinze lignes ;
on remarque sur une de ses surfaces des élémens
de cristallisation ; cette espèce étant exposée au
feu, se fond facilement & produit un verre
noirâtre.

Jade.

Le jade est aux pierres précieuses ce que le
caillou est au quartz ; on le trouve en masses
éparses comme le caillou ; comme lui il est
presque toujours demi-transparent & varie par
sa couleur ; il y en a de blanc-laiteux, de gris
& de verdâtre. Cette espèce de pierre se rencontre principalement sur le bord de la rivière
des Amazones ; sa pesanteur & sa dureté
approchent de celles du diamant, l'on n'a point
encore indiqué les moyens que les Indiens
emploient pour la travailler.

Le jade verdâtre demi-transparent devient
blanc & opaque par la calcination ; à un feu
violent, il se vitrifie & se boursoufle.

Il y a dans le Cabinet du Roi, un grand
morceau de jade brut, arrondi & semblable
aux masses d'agate de même forme.

Gypse, Sélénite, Pierre à plâtre.

Le gypse est un sel neutre, composé d'acide vitriolique & de terre absorbante ; il y en a des carrières immenses dans différentes contrées ; dans les plâtrières de Montmartre on trouve de l'argile, des marnes de différentes couleurs & des blocs de grès assez considérables, dans lesquels il y a des empreintes de coquilles.

Le gypse est soluble dans l'eau ; lorsqu'on verse dans une lessive séléniteuse de l'alkali fixe, il se précipite une terre blanche qui, après avoir été calcinée, a les propriétés de la terre absorbante & n'imprime point de saveur comme la terre calcaire qui auroit subi la même opération. La terre séparée de la dissolution du gypse, par l'intermède de l'alkali fixe, étant saturée d'acide nitreux, forme un sel qui n'est pas déliquescent, il est semblable à celui qui résulte de la terre absorbante, saturée par le même acide.

L'eau séléniteuse qui a été décomposée par l'alkali fixe tient en dissolution du tartre vitriolé, du sel de Glauber ou du sel ammoniac vitriolique selon la nature de l'alkali qu'on a employé pour cette opération.

L'eau de chaux a aussi la propriété de

décomposer la dissolution du gypse & d'en précipiter la terre absorbante, ce qui n'arriveroit pas si ce sel neutre avoit pour base de la terre calcaire *(m)*.

D'ailleurs le spath séléniteux, qui est un sel neutre formé par la terre calcaire saturée d'acide vitriolique, est insoluble dans l'eau & diffère essentiellement du gypse par ses propriétés.

Ayant distillé dans une cornue de verre lutée, des cristaux de gypse transparens, j'en ai retiré un sixième d'eau pure, insipide & inodore *(n)*; les cristaux qui restoient dans la cornue étoient blancs, opaques & feuilletés; j'ai reconnu qu'on ne pouvoit pas sur-calciner le gypse dans cette distillation comme lorsqu'on le cuit à feu ouvert; dans ce dernier cas, l'acide vitriolique, qui est une des parties intégrantes du gypse, se combine avec le

---

(m) Gypsum a Cl. Cronstedt dicitur terra calcaria acido vitriolico saturata, sed calx ex acido nitroso, vitrioli oleo precipitata aut spiritu acido saturata non est verum gypsum..... Est ne forté gypsum argila pura sed immatura & indurata ! An medium quid inter terram calcariam & argillosam ! Scopoli iter Tirolense, *page 71.*

(n) Le spath séléniteux ne produit pas d'eau par la distillation.

phlogistique des charbons & forme du soufre ;
il résulte de l'union de ce soufre avec la terre
absorbante du gypse, un foie de soufre qui
développe une odeur fétide lorsqu'on gâche le
plâtre *(o)* ; c'est cette émanation qui rend mal
sains les bâtimens nouvellement enduits de
plâtre.

Le gypse qui a éprouvé une trop longue
calcination n'est plus propre à former corps ;
lorsqu'on le mêle avec de l'eau, il s'y divise
& s'échauffe un peu sans prendre de consistance ; mais si l'on n'a fait éprouver au gypse
que le degré de chaleur nécessaire pour enlever
l'eau de sa cristallisation, il s'unit promptement
à l'eau qu'on lui présente & reprend alors celle
qui lui est nécessaire pour cristalliser ; c'est à
cette nouvelle cristallisation que sont dûes l'adhérence & la solidité du plâtre, & elles ne
cessent que lorsqu'il se décompose ; cette décomposition a lieu quand l'acide vitriolique du
plâtre se modifie en se combinant avec le phlogistique qui se dégage des corps en putréfaction. Il résulte de la nouvelle combinaison qui
se fait alors, de l'acide nitreux ou de l'acide

(o) Cette odeur devient insupportable si l'on verse un
acide sur le gypse calciné.

marin, comme je l'ai dit en parlant de l'acide nitreux.

Les Stucateurs en gypſe ont reconnu la néceſſité de ne pas trop calciner cette pierre, afin que les ouvrages qu'ils en font euſſent aſſez de ſolidité pour être ſuſceptibles du poli; ils réduiſent la pierre à plâtre en morceaux de la groſſeur d'une noix; ils les mettent dans un four qu'ils ont eu ſoin de faire rougir, ils retirent de temps en temps quelques morceaux de gypſe pour reconnoître où en eſt la calcination, & lorſqu'ils n'aperçoivent plus rien de brillant dans l'intérieur des morceaux, ils les retirent du four; pour employer le plâtre, ils le réduiſent en poudre, le détrempent dans de l'eau où ils ont fait diſſoudre de la colle, enfin ils y introduiſent les différentes couleurs.

Lorſque le ſtuc eſt ſec, on le polit à peu-près comme le marbre, & on donne le dernier poli avec de l'huile.

Le ſtuc calcaire fait avec de la chaux de marbre, préparée à la Romaine, eſt préférable au ſtuc gypſeux, parce qu'il n'eſt pas ſuſceptible de ſe nitrifier ni de s'altérer par l'humidité, d'ailleurs il eſt ſuſceptible du plus beau poli.

Première espèce.

Terre gypseuse.

La terre gypseuse est blanche & friable comme la craie ; elle en diffère en ce qu'elle ne fait point effervescence avec les acides, & qu'après avoir été privée de l'eau de sa cristallisation par la calcination, elle devient un très-bon plâtre.

Deuxième espèce.

Albâtre gypseux.

L'albâtre gypseux ne diffère de la terre gypseuse qu'en ce que cette pierre est susceptible du poli ; elle est ordinairement demi-transparente, avec des veines de cristaux de gypse irréguliers & transparens.

Troisième espèce.

Pierre à plâtre.

Elle est composée de cristaux irréguliers plus ou moins gros, demi-transparens & n'est point susceptible de poli ; on trouve quelquefois dans son intérieur des ossemens dont la partie réticulaire est vide comme dans les os calcinés.

Les terres & pierres gypseuses sont souvent colorées par des ocres métalliques & contiennent aussi quelquefois de la terre calcaire ; la pierre à plâtre de Montmartre, sur-tout celle où se rencontrent les ossemens, est pour l'ordinaire mélangée de cette dernière terre & fait par conséquent plus ou moins d'effervescence avec les acides.

QUATRIÈME ESPÈCE.

Gypse ou *Sélénite cunéiforme, appelée aussi* Pierre spéculaire, Miroir d'âne, *& vulgairement* Talc de Montmartre.

Les cristaux de cette espèce de gypse sont ordinairement jaunâtres ; leur figure est un triangle isoscèle, vers la base duquel est un angle rentrant, & dans son milieu une ligne perpendiculaire. Cette figure paroît produite par deux moitiés retournées en sens contraires, d'une sélénite rhomboïdale croisée par un autre cristal de même forme. *Voyez* ci-après espèce VIII.

CINQUIÈME ESPÈCE.

Gypse ou *Sélénite rhomboïdale décahèdre, formée par deux pyramides rhomboïdales tronquées, jointes base à base. Voyez la Cristallographie de M. Deromé Delisle, page 139.*

Ces cristaux sont souvent groupés de la manière la plus agréable ; j'en ai trouvé de semblables dans de l'argile rouge & grise de la montagne de Saint-Germain-en-Laye.

SIXIÈME ESPÈCE.

Gypse ou *Sélénite prismatique décahèdre.*

Ce sont des prismes hexahèdres comprimés, terminés à chaque extrémité par deux sommets dihèdres dont les plans sont pentagones. J'ai trouvé de semblable sélénite dans de l'argile noire de Picardie.

M. Delisle parle dans sa Cristallographie, d'une sélénite en prismes hexahèdres comprimés dont l'extrémité est terminée par un angle rentrant de 130 degrés.

SEPTIÈME

SEPTIÈME ESPÈCE.

Sélénite basaltine.

Sa figure est un prisme hexahèdre, aplati, terminé par deux pyramides trihèdres opposées.

J'en ai trouvé de cette espèce dans une argile grise de Montmartre.

HUITIÈME ESPÈCE.

Gypse ou *Sélénite lenticulaire.*

Ces cristaux, qui sont opaques ou demi-transparens, forment ordinairement des groupes, composés de lames ou petites masses orbiculaires, renflées dans le milieu, amincies vers les bords ; ces lames, lorsqu'elles se croisent, présentent dans leur cassure l'espèce de *fer de flèche* qu'on remarque dans la sélénite cunéiforme, décrite ci-dessus, *espèce IV.*

NEUVIÈME ESPÈCE.

Gypse ou *Sélénite striée.*

Ce gypse, composé de fibres blanches, opaques & parallèles, paroît ordinairement brillant & satiné ; on le trouve en Franche-

comté, à la Chine, en Sibérie, & on lui
donne communément le nom de *gypse de la
Chine*.

Quartz ou *Cristal de roche*.

Le sel neutre, qu'on a désigné sous le nom
de *quartz*, est un tartre vitriolé naturel, composé d'acide vitriolique & d'alkali fixe *(p)* : ses
cristaux sont insolubles dans l'eau, paroissent
vitreux dans leur fracture, & quoiqu'on leur
ait donné le nom de *pierre vitrifiable*, ils ne
s'altèrent point au feu le plus violent, à moins
qu'on ait employé quelque intermède.

Le quartz devient soluble dans l'eau après
avoir été fondu avec trois parties d'alkali fixe ;
la dissolution de ce mélange est connue sous
le nom de *liquor silicum*. Lorsqu'on verse de
l'acide vitriolique dans cette liqueur des cailloux,

(p) Plusieurs Minéralogistes allemands ont entrevu cette
vérité, comme le prouvent les passages cités ci-dessus *page 38.*

On verra par la suite que l'acide vitriolique entre effectivement dans le quartz comme partie constituante ; d'ailleurs
il n'est pas plus étonnant pour les Physiciens, de trouver
que le quartz est un sel, que le gypse, le spath, le basalte.
Voyez ci-après *espèce XI*, le sentiment de Fuchsel sur la
nature & l'origine du sable.

il se précipite une terre blanche *(q)* qui ne peut se vitrifier par l'intermède du *minium*, tandis que la même quantité de quartz & de *minium*, fondus ensemble, produit un verre jaune de topaze & transparent.

Cette terre précipitée, du *liquor silicum*, par l'acide vitriolique, & dissoute ensuite dans le même acide, donne de l'alun.

Le quartz ne peut passer à l'état de verre sans se décomposer; dans cette opération, l'acide vitriolique, l'une des parties intégrantes du quartz, est dégagé de sa base alkaline par l'acide phosphorique qui émane du feu; ainsi, lorsqu'on expose au feu un mélange de sable & d'alkali dans les proportions convenables, on remarque une effervescence considérable, aussitôt que le mélange commence à rougir; un mixte salin volatil particulier se dégage, ensuite

---

(q) La lessive qui surnage cette terre produit, par l'évaporation, du tartre vitriolé.

Sic dictus autem liquor silicum, per arenam paratus, hujus (arenæ vel quartzi) terram alkalinam & sal vitri, communis vitro ex arenâ parato innatans acidum vitriolicum simul arguit. Hinc singularis terræ alkalinæ præparatio & specialis acidi vitriolici immixtio evenit, ut sal medius irresolubilis evaserit. Georg. Christ. Fuchsel in act. Mogunt. Vol. II, ann. 1761, *page 106.*

la matière s'amollit, devient pâteuse, se boursoufle, se fond & s'affaisse ; les vapeurs qui se
développent alors sont âcres, subtiles & semblables à celles que produit l'acide phosphorique
volatil fumant. La combinaison du mélange
étant faite, on trouve dans le creuset deux
espèces de sel, l'un pesant qui occupe le fond,
c'est le *verre :* l'autre plus léger, qui reste à la
surface, est ou du tartre vitriolé ou du sel de
Glauber *(r)*, ce dernier ne s'y rencontre qu'en
petite quantité, parce qu'une partie se décompose & se volatilise par l'action du feu. *Voyez*
dans mes Mémoires de Chimie, mes recherches
sur la nature du verre.

La décomposition du grès *(s)*, qui a lieu
dans les rues très-passagères, fait encore connoître que le quartz contient de l'acide vitriolique. En effet, le grès dur qu'on emploie
pour paver les rues de Paris se décompose par le
moyen des matières putréfiées & par l'intermède

(r) Ces sels, qu'on nomme *fiel de verre* ou *suin*, n'étoient
point contenus dans la potasse ou le sel de soude qu'on a
employés ; ils doivent leur origine à la combinaison de
ces alkalis fixes avec l'acide vitriolique, dégagé par l'acide
du feu de la base alkaline avec laquelle il constituoit le
quartz.

(s) Le grès est un quartz grenu & opaque.

du fer & de l'eau ; durant cette altération , une partie de l'acide vitriolique du quartz se combine avec le phlogistique des matières putréfiées, & il en résulte du soufre ; celui-ci s'unissant à l'alkali volatil produit par les matières putréfiées, forme un foie de soufre volatil qui dissout une partie du fer laissé sur le pavé par les cercles des roues & les fers des chevaux ; ce foie de soufre combiné avec le fer & dissout par l'eau, pénètre le grès & lui donne une couleur d'un bleu noir *(t)* en même-temps qu'il altère sa solidité ; le sable qui se trouve sous ces pavés est noirci à plus de dix pouces de profondeur & répand une odeur bien sensible de foie de soufre décomposé.

PREMIÈRE ESPÈCE.

Quartz en prismes hexahèdres, terminés par des pyramides hexahèdres ; Cristal de roche.

« On trouve quelquefois le quartz en cris- taux solitaires , plus souvent en groupes dans « les cavernes , les fentes & les cavités des « montagnes , dans les filons des mines & dans «

(t) Les taches faites par les boues noires sont presque ineffaçables,

Q iij

» l'intérieur de certaines pierres creuſes de la
» nature de l'agate, du ſilex & des argiles.

» Lorſque le criſtal de roche eſt parfait, il
» conſiſte en un priſme hexahèdre *(u)* dont les
» côtés ſont égaux, terminé à l'une & l'autre
» extrémité par une pyramide auſſi hexahèdre,
» dont tous les plans ſont triangulaires ; une
» particularité très-remarquable dans cette
» eſpèce, c'eſt que les triangles des pyramides
» ne ſont jamais équilatéraux comme ceux de
» l'alun, mais toujours iſoſcèles comme ceux
du tartre vitriolé. » M. Deliſle, Criſtallographie,
pages 167 & 176.

On a donné improprement le nom de *diamant*
aux criſtaux de roche à deux pointes.

On trouve quelquefois des gouttes d'eau dans
l'intérieur de ces criſtaux ; lorſqu'on les agite,
on voit le mouvement qu'elles font par la marche
du globule d'air qu'elles déplacent & qui s'indique comme dans le niveau d'eau. Il ne faut
pas expoſer le criſtal de roche qui contient des
gouttes d'eau à une chaleur trop forte ni à un
froid propre à la glacer; dans l'un & l'autre
cas, le criſtal ſe briſe avec exploſion.

(u) Le priſme & les pyramides varient à l'infini, tant
en longueur & groſſeur que dans leurs autres proportions
relatives. *Voyez* la Criſtallographie de M. Deromé Deliſle.

Il n'est pas rare de trouver du cristal de roche qui renferme de l'amiante, du schorl, du mica, des pyrites cuivreuses & autres substances hétérogènes.

Deuxième espèce.

Cristal de roche de Madagascar.

Il ne diffère du précédent qu'en ce qu'il se rencontre en masses beaucoup plus considérables, mais sa forme est la même ; il renferme souvent des cristaux réguliers de schorl de différentes couleurs, du mica en prismes hexahèdres & du feld-spath en rhombes.

On trouve sur les rivages de la mer, & dans les lits de plusieurs rivières, des cristaux de roche roulés, arrondis, auxquels on donne le nom de *cailloux ;* ils sont tellement égrisés à leur surface, qu'ils paroissent opaques, mais lorsqu'on a enlevé cette surface & qu'on les a taillés, ils ont la netteté du plus beau cristal ; on les connoît sous les noms de *cailloux du Rhin, de Médoc, de pierres de Cayenne, &c.*

Le cristal de roche n'éprouve pas d'altération au feu.

TROISIÈME ESPÈCE.

Améthiste ou *Cristal de roche violet.*

Lorsqu'on expose l'améthiste à un degré de chaleur propre à la faire rougir, elle éclate, se divise, perd sa couleur violette & sa transparence, & finit par devenir blanche & opaque. Cette pierre diffère donc du quartz par cette propriété, car le cristal de roche ordinaire ne perd point sa transparence, & lorsqu'on l'expose au feu, on ne remarque pas non plus qu'il s'y divise en éclats, à moins qu'il ne contienne quelques gouttes d'eau, car alors il éclateroit avec explosion.

On trouve en Auvergne des améthistes dont le sommet des pyramides est moins coloré que le prisme.

QUATRIÈME ESPÈCE.

Quartz rougeâtre & opaque, Hyacinthe de Compostelle.

Ses cristaux, de même que les précédens, sont des prismes hexahèdres, terminés par deux pyramides hexahèdres. On les trouve ou solitaires, ou groupés ensemble, quelquefois même entre-mêlés d'autres cristaux de roche non colorés.

Il y a des hyacinthes qui font rouges & opaques à leur surface, mais dont l'intérieur est blanc & transparent.

L'hyacinthe rouge exposée à un feu très-violent, perd de sa couleur sans se vitrifier ; d'autres y deviennent d'un blanc mat.

CINQUIÈME ESPÈCE.

Topaze de Bohème ou *Cristal citrin.*

La couleur de ce cristal de roche est d'un jaune clair ; il devient blanc & opaque lorsqu'on l'expose au feu.

On a donné le nom de *topaze enfumée* au cristal brun, tirant sur le noir. Les cristaux bruns, connus sous le nom de *diamans d'Alençon*, perdent leur couleur au feu & y deviennent blancs & transparens.

SIXIÈME ESPÈCE.

Quartz grenu.

Les morceaux de ce quartz font composés de petits cristaux transparens, irréguliers, entre lesquels on remarque des interstices. C'est une cristallisation interrompue.

SEPTIÈME ESPÈCE.

Quartz avec des cavités régulières.

On trouve du quartz transparent ou opaque dans lequel on remarque des cavités cubiques ou pyramidales hexagones ; les premières paroissent dûes à des cristaux de spath phosphorique, & les secondes à des cristaux de spath calcaire qui se sont décomposés. On voit dans le cristal de Madagascar des cavités rhomboïdales, dûes au feld-spath, & d'autres qui sont prismatiques hexagones, laissées par du mica.

HUITIÈME ESPÈCE.

Quartz feuilleté, Feld-spath, Pétuntsé *des Chinois.*

Cette espèce de quartz est très-commune ; elle sert de base aux granits.

J'ai des cristaux de feld-spath en parallélipipèdes obliques ; cette espèce de quartz est ordinairement blanchâtre, demi-transparente & feuilletée.

Si l'on frotte deux morceaux de feld-spath l'un contre l'autre, il s'en dégage une odeur désagréable & particulière qui n'est point celle

du quartz ordinaire, quoiqu'elle en approche;
mais si l'on a fait rougir cette même pierre,
& qu'on la frotte après l'avoir laissé refroidir,
elle ne répand plus de mauvaise odeur. Le feld-
spath est moins dur que le quartz & rend
moins d'étincelles lorsqu'on le frappe avec le
briquet.

NEUVIÈME ESPÈCE.

Quartz opaque & cellulaire, Pierre meulière.

Le fond de cette pierre est de différentes
couleurs : elle est plus ou moins cellulaire;
mais les cavités de forme irrégulière qui s'y
rencontrent, sont toutes colorées par de l'ocre
martiale rougeâtre. Les cellules & la terre martiale qu'on remarque dans cette pierre, me
paroissent provenir de la décomposition des
pyrites martiales qui y étoient renfermées.

La pierre meulière se trouve éparse à la surface
de la terre, ou à de médiocres profondeurs,
en morceaux isolés de différentes grosseurs;
telle est celle de la Ferté-sous-Jouarre en Brie.
Outre l'usage auquel elle doit son nom, on
l'emploie aux fondemens des édifices, & elle y
est très-propre, en ce qu'elle ne se laisse pas
pénétrer par l'eau : de plus, sa grande dureté

doit la faire préferer aux pierres tendres, telles que le gypfe ou la pierre calcaire.

DIXIÈME ESPÈCE.

Quartz grenu, opaque, Grès ou Queux.

Le grès eft compofé de molécules quartzeufes très-divifées, qui ont plus ou moins de cohérence entre elles ; c'eft pourquoi l'on trouve des grès tendres & poreux, & d'autres qui font très-durs & imperméables à l'eau : ces derniers font employés pour paver. Les carrières qu'on en trouve dans différentes contrées, font ordinairement près de la furface de la terre. Quelquefois les rochers de grès font à découvert, comme on le voit dans la forêt de Fontainebleau ; ce canton eft remarquable par le nombre & la difperfion de ces immenfes blocs de grès dont la terre paroît couverte.

On a trouvé dans des cavités de ces rochers, des groupes de criftaux de grès réguliers. Le premier fut apporté à M. Deromé Delifle, & avoit été pris à la carrière de Belle-Croix : je priai M. de Laumont, dont la terre eft dans le voifinage de la forêt de Fontainebleau, d'aller chercher de ces grès ; il m'en envoya, & peu de temps après ayant conduit M.ʳˢ Delifle &

de Laſſonne à la carrière, ce dernier en donna l'hiſtoire à l'Académie des Sciences.

Les criſtaux ſolitaires de cette eſpèce de grès ſont des cubes rhomboïdaux ; on les trouve le plus ordinairement groupés , & ſuivant la manière dont les criſtaux ſe ſont raſſemblés, ils offrent des formes différentes & ne préſentent quelquefois que des plans triangulaires.

On rencontre ces criſtaux dans les cavités des rochers de grès où ils ſont comme enveloppés d'une eſpèce de ſablon blanchâtre de même nature que ce grès, qui eſt un méſange de terre calcaire & de quartz très-diviſé. Pour déterminer la quantité de terre calcaire contenue dans ce grès criſtalliſé, j'en mis un quintal fictif dans de l'eſprit de nitre ; lorſqu'après une vive efferveſcence, j'eus reconnu qu'il ne ſe diſſolvoit plus rien, je lavai le réſidu, je le fis ſécher & je trouvai qu'il s'étoit diſſout quarante livres de terre calcaire ; il reſtoit ſur le filtre ſoixante livres de quartz.

La quantité de terre calcaire que ce grès contient me fait préſumer que c'eſt à cette terre qu'il doit la forme rhomboïdale qu'il affecte conſtamment.

M. Bezout, de l'Académie des Sciences , a trouvé à Nemours des grès criſtalliſés qui ne diffèrent pas fenfiblement de ceux de Fontainebleau.

Le grès compacte eft ordinairement d'un grain affez dur & blanchâtre ; on l'emploie pour faire des meules à rémoudre & pour paver ; lorfqu'il contient de la terre martiale , il prend différentes couleurs , jaunes , brunes ou rouges.

Le grès poreux ou *pierre à filtrer*, fe laiffe pénétrer par l'eau , qui détruit fouvent l'adhérence des molécules de quartz dont il eft compofé. J'ai du grès coquillier , des carrières à plâtre de Montmartre , où fe trouvent des noyaux de cames , de vis , &c. & d'autre qui eft mélangé de coquilles calcaires.

On voit des grès qui préfentent à leur furface des dendrites noirâtres ou rougeâtres ; d'autres font recouverts de petits criftaux de quartz , couleur d'hyacinthe , connus fous le nom d'*hyacinthes de Compoftelle*.

La plupart des grès dont je viens de parler , ont la propriété de fe divifer facilement en cubes *(x)*. Pour produire la divifion des grandes maffes , on emploie un moyen fort fimple : il

---

(x) Ordinairement ces grès ne contiennent pas de terre calcaire , comme on peut s'en affurer en mettant deffus de l'acide nitreux.

consiste à faire une rigole à la surface du bloc de grès avec des coins de fer ; on insère ensuite dans cette rigole des coins de bois sec ; on y verse de l'eau ; le bois se gonfle & fait effort sur la masse de grès, qui se partage suivant la direction de la rigole ; on finit par subdiviser ces blocs en cubes plus petits, avec des coins & des masses de fer.

Il y a des grès dont la fracture est toujours sphéroïdale ; ceux-ci, quoique compactes & très-durs, ne peuvent être employés pour paver, n'étant pas susceptibles de se diviser en cubes.

ONZIÈME ESPÈCE.

Quartz en poussière, Sable ou Sablon.

Le sable n'est qu'un amas de molécules de quartz, qui n'ont nulle cohérence entre elles. Il y a des montagnes entières de sable très-pur *(y)* :

____

(y) Arena quoad splendorem, pelluciditatem & figuram salinæ indoli proximé accedit, licet non tam facili negotio ac cæteri sales possit resolvi : hinc pro sale medio minerali reputanda & ob suam salinam faciem inter omnia maris producta maxime pro sobole aquarum salinarum quales marinæ sunt assumenda est. Tanquam maris salina soboles per singularem separationis & cristallisationis modum ad tantam duritiem sine dubio transiit. Georg. Christ. Fuchsel, in act. Mogunt. T. II, *page 106. Voyez ci-dessus, page 243.*

celui des plaines l'est moins ; il est coloré par des terres métalliques.

On trouve assez profondément en terre, à Fontenai-aux-roses *(z)*, un sablon jaunâtre très-divisé, auquel on a donné le nom de *sable des Fondeurs*, parce qu'il est employé à la fabrication des moules, en y mêlant seulement de la poudre de charbon.

Caillou, Agate.

Les pierres de ce genre diffèrent du quartz en ce que les parties qui les composent sont moins pures, moins homogènes, & en ce qu'elles contiennent une matière qui, lorsqu'on frotte deux de ces pierres l'une contre l'autre, s'annonce par une forte odeur de soufre. La substance qui leur donne cette propriété, de même que celle de devenir phosphoriques par le frottement, paroît être une matière grasse, qui se dissipe durant la calcination du caillou. En effet, si l'on soumet à l'action du feu un caillou qui contienne dans son intérieur de l'ocre martiale jaune ou rouge, la terre métallique

---

(z) Village situé à une lieue de Paris ; le sablon de cet endroit a une réputation si bien établie chez les Fondeurs, qu'en Russie même il est employé de préférence à tout autre.

reste,

reste, après cette opération, noire & attirable à l'aimant ; le caillou devient blanc & opaque, ce qui n'arrive point au quartz.

La forme & la grosseur des cailloux varient ; presque tous sont recouverts d'une croûte, dont la pâte est plus grossière, & sous laquelle on remarque souvent des cavités polygones plus ou moins régulières, en façon de réseau.

Les cailloux sont pleins ou creux ; dans ce dernier cas, leur intérieur est ordinairement tapissé de cristaux de quartz, sur lesquels il n'est pas rare de rencontrer des cristaux de spath calcaire, de spath fusible, &c.

Il y a des cailloux dont les cavités sont mamelonnées, & dont chaque protubérance est terminée par des stalactites de quartz finement cristallisées.

Les observations suivantes me paroissent propres à démontrer qu'en général les cailloux ont commencé par être creux, qu'alors leur intérieur étoit mamelonné ou tapissé de cristaux ; mais qu'ensuite, par l'introduction d'une dissolution de quartz, ces mamelons ou ces cristaux se sont trouvés confondus avec les couches formées par cette même dissolution dans l'intérieur de la géode. Les cavités polygones qu'on remarque à l'extérieur, répondent à la base des

Tome I.

pyramides de quartz, dont la géode étoit tapissée avant que l'introduction de la nouvelle matière eût rempli son intérieur. Ce que je vais rapporter est sur-tout bien sensible dans l'agate, espèce de caillou susceptible d'un poli vif.

Une dissolution de quartz venant à s'infiltrer dans une cavité de la terre, dépose à ses parois une couche de cristaux, qui sont d'autant plus réguliers que l'eau de leur dissolution s'est évaporée plus lentement. S'il n'y a eu qu'une certaine quantité de dissolution saline d'introduite, la concrétion quartzeuse qui en résulte est creuse, & son intérieur est ordinairement tapissé de cristaux; on nomme géodes ces cailloux creux *(a)*.

J'ai une géode quartzeuse, demi-transparente, dont tout l'intérieur est tapissé de cristaux en pyramides hexagones; on voit très-sensiblement que les cavités hexagones de sa surface répondent aux bases de chacune des pyramides intérieures :

(a) Il s'en trouve dont l'eau de la dissolution n'ayant pu s'évaporer, est restée dans l'intérieur de la géode ; les pierres qui présentent ce phénomène ont été désignées sous le nom d'*enhydres*. J'ai reconnu par expérience que cette eau étoit limpide, inodore, insipide & qu'elle étoit aussi pure que l'eau distillée.

ces creux font connoître que durant la formation de ces pyramides il y a eu une efpèce de
retrait.

Les criftaux de quartz qui tapiffent l'intérieur
des géodes varient par leur couleur ; les uns
ont la tranfparence & la netteté du criftal de
roche ; d'autres font blancs, laiteux & chatoyans
comme l'opale ; d'autres font jaunes, violets,
rouges ou noirâtres.

On trouve fouvent dans l'intérieur des géodes
quartzeufes criftallifées, d'autres criftaux réguliers de différente nature & dont les parties ne
font pas confondues entr'elles, ce qui tient à
l'harmonie de la criftallifation des fels, par
laquelle chaque molécule faline s'ifole & fe
rapproche de celle qui lui eft analogue ; les
différens polyhèdres qui en réfultent s'arrangent
fuivant leur gravité fpécifique & d'autant plus
régulièrement que l'évaporation de l'eau de leur
diffolution a été plus lente & plus tranquille.

Si après avoir mêlé des diffolutions de tartre
vitriolé, de nitre & de fel marin, on laiffe cette
leffive criftallifer fpontanément à l'air libre, on
trouve que les criftaux fe feront dépofés dans
l'évaporatoire dans l'ordre fuivant : le tartre
vitriolé occupera le fond du vafe, les criftaux
de nitre feront à fa furface, & ceux-ci feront

recouverts par des cubes de sel marin ; la cristallisation des géodes quartzeuses présente le même phénomène.

J'ai des géodes de ce genre dont la couche extérieure est *silex*, la seconde couche est agate, la troisième améthiste cristallisée, & le centre offre des cristaux de spath en prismes à six pans, terminés par des pyramides trihèdres, obtuses ; à côté de ces cristaux se trouve de la malachite striée.

D'autres géodes quartzeuses, dont la surface est parsemée de cavités polygones, renferment intérieurement des cristaux de spath fusible blanc en cubes.

S'il se rencontre un caillou dans la cavité où vient se rendre une dissolution de quartz, les cristaux qu'elle fournira se déposeront sur ce caillou & l'envelopperont, ainsi qu'on l'observe dans une géode de cette espèce, qui fait partie de ma collection.

Si la géode a été remplie successivement par une dissolution de quartz, celle-ci, en s'évaporant, entraîne les molécules salines sur les parois & forme des couches distinctes par leurs couleurs ; si au contraire la dissolution de quartz a pénétré dans la cavité de la géode en assez grande quantité pour la remplir, la cristallisation reste confuse, & l'intérieur du caillou n'offre qu'une masse quartzeuse plus ou moins transparente & colorée.

Suivant la manière dont l'agate aura été coupée, on pourra remarquer l'espèce d'entonnoir par où la dissolution quartzeuse s'est introduite dans la géode ; mais il est très-aisé de manquer ce point de section, & l'on ne s'en aperçoit qu'après que le caillou a été scié.

Les Joailliers distinguent les agates en orientales & en occidentales ; ils désignent par orientale celle dont la pâte est comme pommelée & d'un grain très-fin qui la rend susceptible d'un poli plus vif que l'agate d'Allemagne. L'agate, ainsi que les cailloux, se trouve ordinairement en masses éparses & arrondies.

L'agate paroît luisante dans sa fracture, & est d'autant plus pure qu'elle est moins colorée.

PREMIÈRE ESPÈCE.

Opale.

Cette pierre a la propriété de paroître changer de couleurs suivant les divers aspects sous lesquels on la regarde ; elle passe du vert à l'orangé, au rouge, &c. de la manière la plus agréable, ce qui a fait donner à quelques-unes les noms de

chatoyantes, *d'œil de chat;* elle perd cette propriété par la calcination, & devient alors blanche
& opaque.

DEUXIÈME ESPÈCE.

Gyrasole.

C'est une opale imparfaite en ce qu'elle est
plus diaphane & en ce qu'elle ne chatoie pas
aussi vivement que l'opale proprement dite; les
reflets qu'elle produit sont bleuâtres & mêlés
d'un jaune orangé; elle prend, par la calcination, le même caractère que l'opale. L'astérie
ou *pierre de lune* & *l'avanturine naturelle,* sont
encore des variétés de l'opale.

TROISIÈME ESPÈCE.

Agate blanche, opaque, Cacholong.

Extérieurement cette agate ressemble à de
l'émail blanc; on la trouve souvent par couches
assez considérables, formées de lits de différentes
nuances. J'en ai un morceau disposé par couches
horizontales, les unes, demi-transparentes, sont
de calcédoine blanche & bleuâtre; les autres
blanches & opaques, sont de cacholong; il vient
des îles de Feroë, voisines de l'Islande, où cette

espèce est abondante *(b)* ; on en trouve aussi dans le pays des Calmoucks, sur les bords de la Cache *(c)*. Le cacholong étant exposé au feu dans un creuset, éclate, se divise en poussière blanche & perd un douzième de son poids.

QUATRIÈME ESPÈCE.

Agate blanche, demi-transparente, Calcédoine.

Cette espèce, plus ou moins diaphane, est légèrement teinte de bleu, de gris ou de jaunâtre ; elle a pour l'ordinaire une teinte laiteuse qu'on ne peut mieux comparer qu'à la couleur de l'eau mêlée avec du lait ; elle devient tout-à-fait blanche & opaque par la calcination, alors elle ressemble au cacholong.

(b) M. le comte d'Angiviller a dans son Cabinet un filon de cacholong mêlé de calcédoine, de huit à neuf pouces de long sur quatre à cinq de large, & environ autant d'épaisseur ; celle de ses surfaces qui étoit exposée aux injures de l'air, est décomposée en argile blanche.

(c) C'est de la réunion du nom de cette rivière avec celui de *cholong*, qui, chez ces Peuples, signifie *pierre*, qu'est venu le nom de *cacholong*.

CINQUIÈME ESPÈCE.

Agate rougeâtre, Cornaline.

Cette pierre est plus ou moins transparente, d'une couleur rouge plus ou moins foncée & qui varie par les nuances ; elle devient blanche & opaque par la calcination ; elle est alors connue dans le commerce sous le nom de *cornaline brûlée.*

SIXIÈME ESPÈCE.

Agate d'un jaune tirant sur le brun, Sardoine.

Cette agate est de couleur orangée plus ou moins foncée ; elle est très-commune en Sibérie où elle se trouve en petites masses éparses & le plus souvent roulées ou arrondies.

La sardoine perd au feu sa couleur & sa transparence, elle y devient blanche & opaque comme la cornaline.

SEPTIÈME ESPÈCE.

Prase ou *Chrysoprase (d).*

Cette agate a une couleur verte plus ou moins

(d) M. Lehmann a donné, dans les Mémoires de l'Académie de Berlin, *Tome XI, année 1755*, l'histoire foncée; elle eſt ordinairement demi-tranſparente, & par lits horizontaux comme l'agate de roche. J'ai reçu de Son Alteſſe Madame la Margrave de Baden-Dourlach, un morceau de chryſopraſe qui m'a fait connoître que cette pierre ſe trouvoit par couches comme les calcédoines de Féroë; les deux ſurfaces de ce morceau ſont couvertes d'une effloreſcence lilas *(e)* ; on en remarque auſſi dans ſa fracture, ce qui contraſte agréablement avec le vert clair qui fait le fond de cette agate.

La chryſopraſe expoſée au feu, devient blanche & opaque; ſi on la fond avec deux parties de verre de borax, on obtient un beau verre bleu *(f)*, d'où l'on peut conclure que

---

de la chryſopraſe de Croſemitz, village du duché de Monſterberg dans la haute Siléſie; ce Minéralogiſte dit que la chryſopraſe s'y trouve par veines attachées & renfermées dans une matrice d'aſbeſte ou d'amiante, & qu'on rencontre ſouvent dans une même pièce, de l'opale, de la calcédoine, de la chryſopraſe & une terre argileuſe verte. *Collection Acad. part. étrang. Tome IX, page 107.*

(e) Une partie de cette couleur lilas eſt devenue noire à l'air.

(f) Pourvu qu'on ait employé la chryſopraſe opaque & foncée en couleur, car celle qui eſt tranſparente & d'un vert clair, n'indique que d'une manière preſque inſenſible la préſence du cobalt.

cette pierre doit sa couleur au cobalt ; il en est de même de l'émeraude qui doit aussi sa couleur verte à ce demi-métal.

HUITIÈME ESPÈCE.

Agate onix.

Les agates composées de couches de différentes couleurs, sont nommées *onices* & quelquefois *agates œillées.*

On appelle *agates arborisées* celles sur lesquelles on remarque des dessins qui représentent des buissons, des arbres, &c. Ces arborisations ne sont dûes qu'à l'infiltration d'un peu de fer très-divisé. Si l'on calcine une agate arborisée, elle devient blanche comme de l'émail ; la dendrite, devenue noire & de relief, est alors attirable par l'aimant.

Pour contrefaire l'arborisation des agates, on dessine, avec des dissolutions métalliques, divers arbrisseaux sur une agate polie ; on les fait ensuite sécher au feu ; ces arborisations prennent diverses nuances selon la nature de la dissolution métallique dont on s'est servi ; mais il est aisé de reconnoître cette supercherie en mettant ces pierres en digestion dans de l'eau régale ; la dendrite artificielle disparoît aussi-tôt qu'on les essuie ; celle au contraire qui est naturelle n'y éprouve aucune altération.

NEUVIÈME ESPÈCE.

Agate brune, opaque, Caillou d'Égypte.

Le fond du caillou d'Égypte est une couleur fauve ou brune plus ou moins foncée avec des zones, des taches ou des dendrites noirâtres & de différentes nuances de brun. J'ai un grand morceau de caillou d'Égypte, au centre duquel est une tache blanche, opaque, d'un pouce de diamètre ; elle contraste agréablement avec les autres couleurs dont il est panaché ; j'en possède un autre qui offre l'image d'une croix placée sur une espèce de monticule ; le fond du caillou est d'un brun clair, si bien gradué pour l'effet, que l'art ne pourroit mieux faire ; ces cailloux, de même que les agates précédentes, sont susceptibles d'un poli brillant ; ils prennent, par la calcination, une couleur d'un brun noirâtre, & acquièrent la propriété de dévier l'aiguille aimantée.

DIXIÈME ESPÈCE.

Pierre d'Hirondelle ou de Saffenage.

On a donné ce nom à des agates demifphériques ou ovoïdes, de différentes couleurs, & qui ne font fouvent pas plus groffes que des femences de lin.

ONZIÈME ESPÈCE.

Bois agatifés.

Les bois enfouis fous terre ne tardent pas à s'y altérer; il y en a qui, pénétrés par une diffolution de vitriol martial, deviennent noirs & acquièrent la propriété de réfifter à l'humidité; ces bois font en quelque forte minéralifés par la terre martiale qui s'eft introduite dans leurs pores; leur tiffu n'eft point abfolument détruit, non plus que celui de certains bois pétrifiés; mais dans les bois agatifés la décompofition du végétal eft complette; il eft vraifemblable que ces bois étoient altérés lorfque l'acide vitriolique les a pénétrés; dès-lors cet acide s'uniffant à leur bafe alkalifée par la putréfaction *(g)*, il les a fait paffer à l'état d'agate.

La matière huileufe contenue dans les végétaux, concourt auffi à la pétrification;

(g) Les bois altérés par la putréfaction, & réduits fpontanément à l'état de *tan*, fourniffent, par l'incinération, un réfidu qui eft prefque tout alkali. *Voyez* mes Mémoires de Chimie, *page 47.*

nous en avons l'exemple dans les noix pétrifiées de Franche-comté, dont l'intérieur, c'est-à-dire l'amande, est ou calcaire ou quartzeux, tandis que la coquille est restée bois.

Observations sur les Agates.

On trouve dans le duché de Deux-Ponts & à Oberstein, des agates rubannées d'améthiste ou veinées de rouge avec des taches d'un blanc mat ou laiteux comme le cacholong ; ces agates ont ceci de particulier que les petits cristaux de quartz en pyramides hexagones qui les accompagnent, incrustent leur surface extérieure & non l'intérieure, comme il est ordinaire dans les autres agates.

Caillou, Pierre à fusil, Silex.

Le caillou, quoique de même nature que l'agate, en diffère par sa pâte plus grossière & par ses couleurs moins vives & moins variées ; il est ordinairement opaque, & il ne prend, après avoir été poli, ni l'éclat ni le brillant de l'agate.

La forme & la grosseur du caillou varient beaucoup ; on le trouve en masses irrégulières & éparses dans des bancs de craie, de marne, &c.

Sa couleur est jaunâtre, ou gris d'ardoise , ou noire ; il s'en trouve de rouges & de blancs , de panachés , le plus souvent opaques , mais quelquefois demi-transparens ; la plupart sont encroûtés , sur-tout ceux qui ont séjourné à l'air. L'intérieur des cailloux est plein ou creux , on y trouve souvent des cristaux de quartz & quelquefois des pyrites , du soufre , des madrépores , des coquilles ou autres corps hétérogènes. Il y en a qui sont comme vermoulus dans leur intérieur , les petits sillons qu'on y distingue sont enduits d'une ocre martiale , jaunâtre , qui paroît provenir de la décomposition des pyrites martiales que ces cavités contenoient.

Par la calcination , les cailloux perdent leur couleur , deviennent blancs & entièrement opaques ; les rouges y prennent une teinte grisâtre & les noirs passent au blanc mat.

On nomme *gallets* des cailloux arrondis ou aplatis qu'on trouve en grand nombre sur les bords de la mer & dans le lit de certains fleuves ; ces cailloux ont perdu leurs angles par les frottemens continuels qu'ils ont éprouvés les uns contre les autres ; on en rencontre quelquefois des couches dans l'intérieur de la terre & même à sa surface dans des terreins assez élevés ; dans les plaines de Salenci , à quelques lieues de

Noyon, la terre paroît couverte, l'espace d'une lieue, de petits gallets noirs, aplatis, de la groſſeur d'une noix.

Jaſpe.

Le jaſpe diffère de l'agate par plus d'opacité, & en ce qu'il ſe trouve en roches très-conſidérables ou par filons ; cette pierre n'eſt pas brillante dans ſa fracture ; elle eſt preſque toujours colorée par des terres métalliques.

Les jaſpes jaunes, bruns & rouges doivent leur couleur à de la terre martiale ; expoſés au feu ils y deviennent noirs & ſe vitrifient quelquefois.

PREMIÈRE ESPÈCE.

Jaſpe blanc.

Ce jaſpe eſt d'un blanc laiteux comme le cacholong, & ne paroît être qu'un quartz opaque.

DEUXIÈME ESPÈCE.

Jaſpe vert d'olive.

On trouve quelquefois dans la terre des morceaux de ce jaſpe taillés en triangles iſoſcèles, renflés dans le milieu & amincis vers les bords, on les nomme *pierres de circoncifion, haches de pierre*, &c. Il y a lieu de croire que ces pierres ainfi façonnées par d'anciens Peuples qui ignoroient l'art de travailler les métaux, leur fervoient aux mêmes ufages qu'elles fervent encore aujourd'hui chez les Sauvages. La grandeur de ces pierres varie ; il y en a d'un pied de long fur trois pouces de large vers la bafe du triangle, & d'autres qui n'ont pas plus d'un pouce & demi de longueur fur une largeur proportionnée.

TROISIÈME ESPÈCE.

Jafpe fanguin.

Le fond de ce jafpe eft vert avec des taches d'un rouge de fang ; il eft fufceptible d'un poli vif.

J'ai vu du jafpe de Sibérie difpofé par zones vertes & rouges ; j'en ai des Pyrénées dont les zones font de différentes nuances de vert.

QUATRIÈME ESPÈCE.

Jafpe rouge.

Cette efpèce, qu'il ne faut pas confondre avec le finope, eft d'un très-beau rouge foncé,

&

& fufceptible d'un poli vif ; M. le comte de Strogonof m'en a donné un très-beau morceau qui vient de Sibérie.

CINQUIÈME ESPÈCE.

Sinople, Sinope (h), Zinopel *des Allemands.*

C'eft une efpèce de jafpe rouge , moins pur que le précédent & non fufceptible de poli ; il rend fouvent depuis cinq jufqu'à dix-huit livres de fer par quintal , ce qui l'a fait ranger par quelques-uns au nombre des mines de fer.

Le finope de Hongrie fert de gangue à de l'or natif, & l'on y rencontre quelquefois de la pyrite martiale tenant or.

Quelques Auteurs ont confondu le finope avec le *kneis* ou *gneis* des Saxons , mais cette pierre en diffère en ce qu'elle eft compofée de quartz , de feld-fpath & de mica.

(h) *Omnem ochram rubram martialem* finopis *græci appella-runt.* Waller. Syft. min. Vol. I , *page 304.* Sinopis inventa eft primùm in Ponto : inde nomen a Sinope urbe.... Species finopifis tres, rubra & minus rubens & inter has media. Plin. Hift. Nat. lib. XXXV , cap. 6.

Sixième Espèce.

Pierre d'Arménie.

Ce jaspe bleu doit sa couleur à du cuivre, & diffère du *lapis* en ce que ce dernier, qui est coloré par du fer, se dissout aisément dans les acides avec lesquels il forme une gelée ; la pierre arménienne au contraire n'est nullement altérée par ces menstrues ; le fond bleu de cette pierre est souvent mêlé de taches vertes & d'un peu de blanc.

On nomme *jaspes fleuris* ceux qui sont panachés de diverses couleurs ; dans les uns, c'est un mélange agréable de rouge, de jaune & de blanc ; dans d'autres, on trouve du vert, du violet, &c.

Gravier, Sable de rivière.

Le gravier est composé de petits fragmens de quartz, de caillou, d'agate, de jaspe, de pierre calcaire, &c. On le trouve dans le lit des rivières, mais il s'en rencontre aussi des amas considérables dans des terreins fort éloignés des rivières.

Roches composées.

Ce sont des pierres ordinairement en grandes masses, composées de cailloux, de fragmens de quartz ou de jaspe, de fragmens de basalte, &c. souvent elles sont mêlées de schorl & de mica. Je les divise en quatre espèces très - distinctes par la diversité du mélange & par le ciment pierreux qui leur sert de base :

SAVOIR,

1.º Le poudingue ou mélange de cailloux roulés, de différentes couleurs, liés par un ciment de la nature de l'agate ou du jaspe.

2.º Le granit, qui a pour base le feld-spath, & qui abonde en schorl & en mica.

3.º Le porphyre, qui a pour base un jaspe rouge entre-mêlé de feld-spath.

4.º Le *péperine*, qui a pour base un basalte noir ou verdâtre, parsemé de petites géodes de zéolite, de spath calcaire ou de quartz, dont les plus fortes sont de la grosseur d'un grain de poivre.

PREMIÈRE ESPÈCE.

Brèche dure, Poudingue, Brèche en cailloux.

Le poudingue varie par la grosseur & la couleur des cailloux qui le composent ; l'agate,

qui leur sert de ciment , est pour l'ordinaire
d'un gris cendré ; les cailloux sont jaunes ou
noirâtres ; cette pierre est susceptible du plus
beau poli.

On trouve dans les environs de Fontainebleau
un poudingue composé de cailloux gris &
blanchâtres , dans un grès qui leur sert de base ;
il n'est pas susceptible du poli.

Brèche en jaspe.

Cette brèche est aux jaspes ce que la brèche
calcaire est aux marbres ; elle n'est composée
que de morceaux de jaspe de différentes couleurs ,
liés ensemble par un ciment de jaspe rouge.
On a donné le nom de *caillou de Rennes* à une
espèce de brèche dure ou de poudingue , dont
les taches jaunes paroissent être des fragmens
de jaspe , unis par un ciment de jaspe rouge.
J'en possède un morceau dont les fragmens
épars dans une base de jaspe rouge , sont d'un
rouge qui tire sur le violet, excepté quelques
petites portions blanches qui sont de feld-spath.

DEUXIÈME ESPÈCE.

Granit.

Tous les granits ont pour base un feld-spath

blanchâtre ou rougeâtre *(i)* ; les uns ne contiennent que du mica, d'autres ne contiennent que du fchorl, mais le plus grand nombre eft mêlé de fchorl & de mica, & quelquefois d'un peu de terre martiale, qui donne au feld-fpath une couleur rouge ou verte ; ce dernier, qu'on nomme auffi *porphyre vert*, eft attirable à l'aimant.

Le rocher qui fert de piédeftal à la ftatue de Pierre-le-Grand eft un granit mêlé de mica & de fchorl noirâtre, ayant pour bafe un feld-fpath rougeâtre, demi-tranfparent; ce bloc fut trouvé dans un marais, près du golfe de Finlande, à neuf werftes, ou environ deux lieues & un quart de l'eau ; il avoit quarante-quatre pieds de long, vingt-fept de large & vingt-deux de haut : un coup de foudre, qui en le frappant en avoit détaché un angle, lui avoit heureufement donné à peu-près la forme qu'on defiroit.

Après avoir pefé un pied cube de ce granit, on eftima que le poids total du rocher devoit être de cinq millions de livres.

Ce rocher, découvert dans le mois d'octobre de l'année *1768*, étoit enfoncé de quatorze

---

(i) Le feld-fpath que contient le granit eft quelquefois demi-tranfparent.

pieds dans le marais ; ce fut par le moyen des cabeſtans qu'on le retira & qu'on le conduiſit ; plus de mille ouvriers étoient occupés ſans relâche à aplanir les chemins & au ſervice des cabeſtans ; cette marche dura un an, pendant ce temps, on fit environ trois lieues.

Chemin faiſant, quarante hommes étoient occupés ſur ce rocher pour lui donner la forme qu'il devoit avoir ; on avoit conſtruit une forge ſur ſa cime pour réparer les inſtrumens.

Le chemin que l'on fit faire par eau à cet immenſe rocher eſt à peu-près de trois lieues ; du golfe de Finlande, il remonta la grande Néva pour deſcendre la petite juſqu'à Saint-Péterſbourg.

D'après les Obſervations des Naturaliſtes modernes, on ne peut douter que le granit ne ſoit la pierre la plus ancienne & la plus abondante du globe que nous habitons.

« Il paroît, dit M. Ferber, que le granit
» forme les montagnes les plus élevées & en
» même-temps les plus profondes & les plus
» anciennes que l'on connoiſſe en Europe,
» puiſque toutes les autres montagnes ſont
» appuyées & repoſent ſur le granit ; que le
» ſchiſte argileux, qu'il ſoit pur ou mêlé de
» quartz & de mica, c'eſt-à-dire que ce ſoit

du schiste corné ou du *gneis*, a été posé sur «
le granit ou à côté de lui, & que les mon- «
tagnes calcaires, ou autres couches de pierre «
ou de terre amenées par les eaux, ont encore «
été placées par-dessus le schiste. » *Lettres sur la
Minéralogie, page 496 de la traduction de
M. le baron de Dietrich.*

TROISIÈME ESPÈCE.

Porphyre (k).

Le fond du porphyre proprement dit est un
jaspe pourpre qui varie dans ses nuances ; les
petits cristaux de feld-spath blanc dont il est
parsemé, ne paroissent point avoir de figure
déterminée ; on y distingue cependant de petits
quarrés longs, sans ordre, avec d'autres taches
anguleuses, irrégulières ; il y a des parties de ce
feld-spath beaucoup plus grosses que les autres,
& la couleur rouge du fond est quelquefois
claire & foncée dans le même morceau.

Le porphyre doit sa couleur à du fer &
devient noir par la calcination ; il se fond
lorsqu'on l'expose à un feu violent.

____

(k) Du mot grec πορφύρα, qui signifie pourpre.

S iv

Porphyre vert antique, Ophite, Serpentin.

Le fond de ce porphyre eſt un jaſpe vert, plus ou moins foncé ; il eſt parſemé de criſtaux de feld-ſpath d'un vert plus ou moins clair, qui forment ſur ce fond des quarrés longs, croiſés de diverſes manières.

J'en ai une variété dont les taches ſont jaunâtres ſur un fond brun ; tous les morceaux à fond vert ſont attirables par l'aimant, ce qui prouve que leur couleur n'eſt point dûe au cuivre, comme quelques-uns l'ont préſumé.

Le porphyre vert, expoſé au feu, y perd ſa couleur, les taches y deviennent blanchâtres & le fond rougeâtre.

QUATRIÈME ESPÈCE.

Péperine ou *Piperine (1).*

La pierre déſignée ſous ce nom eſt le plus ſouvent un baſalte gris ou brun, parſemé de géodes quartzeuſes blanches, qui ne ſont pas plus groſſes que des grains de poivre ; la plupart de ces géodes ſont pleines : on trouve dans celles qui ſont creuſes, de petits criſtaux de

---

(1) *Peperino* des Italiens.

feld-spath en cubes & en parallélipipèdes. Le péperine d'Auvergne contient de la zéolite & quelquefois du spath calcaire. La pierre qui sert de base au péperine est ordinairement noirâtre, prend la plus belle couleur noire & un enduit vitreux par la calcination; les géodes y acquièrent de la blancheur.

Zéolite (m).

La zéolite est un genre de pierre dont nous devons la connoissance au baron de Cronstedt; elle est fusible sans addition, & produit par ce moyen un émail blanc. Cette pierre est soluble dans les acides, avec lesquels elle ne fait point effervescence quand elle est pure; sa dissolution produit une gelée demi-transparente. Le verre qui résulte de parties égales de quartz & de chaux, étant doué de la même propriété, il y a lieu de croire que la zéolite est aussi composée de quartz & de terre calcaire. M. Pazumot, dans un Mémoire qu'il a lû en 1776 à l'Académie, sur la nature de la zéolite, définit cette pierre, une production formée de la décomposition d'une terre volcanisée; c'est encore à lui que nous sommes redevables de la découverte

---

(m) Zéolite, de ζέω *ebullio* & λίθος *lapis*.

de la zéolite dans l'espèce de pierre connue sous le nom de *péperine (m)* ; en effet, ce Physicien ayant visité, avec M. Desmarets la fameuse montagne de Gergovia, dit que c'est le seul endroit de l'Auvergne où il ait vu l'espèce de pierre nommée *péperine* ou *piperine* ; elle contient de petites géodes de zéolite striée ; le fond de ce *péperine* est ordinairement un basalte qui renferme quelquefois de la terre argileuse, jaunâtre ; les grains dont il est parsemé sont souvent calcaires.

M. Pazumot a trouvé de la zéolite dans un péperine du vieux Brisack, sur les bords du Rhin, morceau qui faisoit partie des échantillons de matières volcanisées, envoyées à l'Académie par M. le baron de Dietrich. Il en a aussi trouvé dans les produits du volcan de l'île de Bourbon & dans la lave grise de l'île de France, parsemée de très-petits grenats intacts ; dans celle-ci, la zéolite est sous forme cubique.

Les Observations de M. Pazumot font connoître que la zéolite se trouve dans presque tous les climats où il y a eu des volcans ; il est vrai qu'à l'exception des îles de Ferroë *(o)* où la

____

(*n*) Voyez *page 280.*

(*o*) Les îles de Ferroë, de Ferrra, de Fero ou de Farre dans l'Islande, appartiennent au Roi de Danemarck.

zéolite se rencontre en masses assez considérables, éparses comme le caillou & incrustées d'une argile verte, semblable à la terre de Vérone, les autres contrées ne l'ont offerte qu'en petites géodes dans les basaltes connus sous le nom de *péperine*. La zéolite en masse des îles de Ferroë est ordinairement palmée dans sa fracture ou en prismes, d'un blanc laiteux, serrés les uns contre les autres & qui partent en divergeant de différens centres ; elle s'y trouve aussi en stalactites, en stalagmites & en géodes, dont l'intérieur est tapissé de cristaux plus ou moins réguliers.

J'ai retiré, par la distillation, de la zéolite blanche, transparente, un huitième d'eau claire, insipide ; ce qui·restoit dans la cornue étoit blanc, opaque & fragile : cette même zéolite exposée au feu dans un creuset, s'est fondue & boursouflée ; par un feu plus violent, elle s'est convertie en un émail blanc très-dur.

Un mélange de deux parties de zéolite & d'une de salpêtre, produit, par la distillation, de l'acide nitreux rutilant ; si l'on a employé la zéolite rouge pour cette opération, le résidu est une masse opaque, cellulaire, rougeâtre & insoluble.

Ayant distillé de la zéolite avec deux parties

d'huile de vitriol, il a passé de l'acide sulfureux & ensuite de l'huile de vitriol ; le résidu pesoit près d'un cinquième de plus que dans l'opération précédente. Par la lessive, ce résidu m'a fourni un peu d'alun, mêlé de vitriol martial lorsque j'avois employé du *lapis* ou de la zéolite rouge.

PREMIÈRE ESPÈCE.

Zéolite blanche.

Elle est plus ordinairement opaque que transparente ; elle cristallise en cubes ou en parallélipipèdes.

On trouve des géodes où il y a des cristaux de zéolite prismatiques, tétrahèdres, terminés par des pyramides du même nombre de côtés ; le prisme est quelquefois aplati, les plans de la pyramide sont alors très-différens, & les extrémités de ces prismes paroissent coupées en biseau.

Les cristaux de la zéolite se trouvent souvent groupés en masses striées & arrondies, dont la surface offre les sommets tronqués de chacun des prismes tétrahèdres qui composent la masse. Dans ces morceaux, les cristaux prismatiques de la zéolite partent d'un ou de plusieurs centres communs, & sont disposés en éventail.

Quelquefois ces cristaux sont en aiguilles longues, fines, soyeuses & comme en efflorescence à la surface des morceaux de zéolite palmée.

On trouve aussi de la zéolite en masses irrégulières qui paroissent offrir dans leur fracture des lames quarrées.

J'ai dans mon Cabinet de la zéolite blanche radiée dans une calcédoine; j'en ai vu d'autres à la surface d'une espèce de jaspe rouge.

DEUXIÈME ESPÈCE.

Zéolite rouge.

Sa couleur est à peu-près semblable à celle de la brique; son tissu n'offre rien de régulier, mais elle est susceptible du poli; on la trouve à Wattholma en Uplande, province du Royaume de Suède.

Pour séparer de cette espèce de zéolite le fer auquel elle doit sa couleur, il suffit d'en distiller une partie avec huit parties de sel ammoniac; il se sublime des fleurs martiales, & le résidu de l'opération est blanc.

La zéolite rouge, exposée à un feu violent, produit un émail grisâtre & cellulaire.

TROISIÈME ESPÈCE.

Zéolite bleue, Lapis lazuli.

L'espèce de zéolite connue sous le nom de *lapis lazuli*, est plus dure que les autres & se trouve en Sibérie ; son tissu est serré, sa couleur plus ou moins foncée, & elle est quelquefois entre-mêlée de zéolite blanche, solide, de points pyriteux & de parcelles d'or.

Lorsqu'on réduit en poudre le *lapis* dans un mortier de fer, il s'en dégage une odeur de foie de soufre décomposé ; si l'on y verse un acide, l'odeur devient plus forte. Les acides dissolvent le *lapis* sans effervescence lorsqu'il ne contient pas de terre calcaire ; ses dissolutions forment des gelées transparentes.

Le *lapis* doit sa couleur à du fer, mais ce métal ne paroît pas s'y trouver dans une combinaison semblable à celle où il est dans le bleu de Prusse, puisque le fer que contient le *lapis* est soluble dans les acides, tandis que le bleu de Prusse ne l'est pas.

Cette zéolite, exposée au feu, y fond facilement & se change en un émail noir, cellulaire, en partie attirable par l'aimant.

J'ai distillé une partie de *lapis* avec huit

parties de sel ammoniac, il a d'abord passé une liqueur jaunâtre qui avoit une odeur de foie de soufre décomposé ; il s'est ensuite sublimé du sel ammoniac d'une belle couleur jaune ; le résidu de cette opération étoit grisâtre.

La poudre de *lapis* est nommée *outre-mer* : celui du commerce n'est souvent qu'un beau *smalt*, émail bleu, coloré par du cobalt.

Pour connoître si l'outre-mer est du *lapis*, il suffit d'en mettre dans de l'acide nitreux ; celui-ci dissout le *lapis* & le convertit en gelée, tandis que le smalt n'est nullement altéré par cet acide.

Pierre écumante, Gœsten *des Suédois.*

La pierre qu'on désigne sous ce nom m'a paru différer, par les caractères suivans, & du basalte & de la zéolite.

La pierre écumante se fond sans addition comme les basaltes & la zéolite, mais elle produit un verre transparent, léger & constamment cellulaire ; les acides n'ont point d'action sur elle.

Je ne connois que deux espèces de pierres de ce genre, l'une demi-transparente, de couleur verdâtre paroît vitreuse dans sa fracture &

fait feu avec le briquet *(p)* ; l'autre eſt opaque, ſtriée, d'un gris d'ardoiſe & ne reſſemble pas mal à de l'aſbeſte.

La pierre écumante verdâtre, expoſée à un feu violent dans un creuſet, produit un verre blanc & cellulaire, qui, diviſé par la trituration & expoſé une ſeconde fois au feu, ſe fond en un verre blanc plus cellulaire que le premier.

La pierre écumante griſe & ſtriée, expoſée au feu, s'y eſt auſſi fondue & a produit un verre cellulaire verdâtre *(q)*, qui, pulvériſé & expoſé de nouveau à la violence du feu, a produit un verre de la même couleur, mais beaucoup plus cellulaire & aſſez léger pour nager ſur l'eau.

Marne.

La marne eſt un mélange naturel d'argile & de craie ; les proportions de ce mélange varient à l'infini. Pour déterminer la quantité de craie que la marne contient, il faut y verſer de l'acide nitreux juſqu'à ce qu'il ne ſe faſſe plus

---

(p) Elle m'a été envoyée d'Auvergne par M. d'Antic.

(q) La couleur verdâtre de ce verre eſt dûe au fer que le *gæſlen* contient. J'ai conſervé à cette pierre l'épithète d'*écumante* à raiſon de la vitrification légère & poreuſe qu'elle fournit & qui reſſemble à de l'écume.

d'efferveſcence

d'effervefcence, il n'y a dans cette opération
que la partie calcaire de diffoute, l'argile que
la marne contenoit refte intacte.

La marne fe trouve par lits de différente
épaiffeur, depuis la furface de la terre jufqu'à
des profondeurs quelquefois confidérables, elle
varie par fa couleur & la tenacité de fes parties,
ce qui dépend de la quantité de l'argile qu'elle
contient.

La marne brune produit, par la fufion, un
émail noir, cellulaire, qui nage fur l'eau.

La marne eft un engrais propre à plufieurs
efpèces de terre végétale, mais comme elle eft
fujette à varier, ainfi que la terre végétale, il
faut préalablement s'affurer de la nature de l'une
& de l'autre.

Terre végétale.

La terre végétale eft compofée d'argile, de
fable, de terre abforbante & de fer auquel elle
doit fa couleur brune; cette terre eft produite
par la décompofition fpontanée des végétaux.

L'altération & la modification qu'éprouvent
les fubftances végétales ou animales en paffant
à l'état de *terre végétale* font bien remarquables;
les phénomènes qui s'opèrent alors font connoître
comment fe forment les différentes efpèces de

Tome I.   T

terres, qui ne font, à physiquement parler, que des combinaifons falines.

Les végétaux font ordinairement compofés d'eau, d'acide, d'huile, de terre martiale & de terre abforbante.

Les fubftances animales font compofées d'eau, d'huile, de fel ammoniac animal *(r)*, de terre abforbante & d'un peu de terre martiale.

On trouve dans la terre végétale, qui eft le produit de leur décompofition fpontanée, de l'argile, du quartz, de la terre abforbante, de l'huile, de l'alkali volatil & du fer. La terre végétale contient effentiellement les différentes fubftances dont je viens de parler.

L'argile qu'on trouve dans la terre végétale a été formée par la combinaifon de la terre abforbante des végétaux avec l'acide phofphorique qu'ils contiennent, il en a réfulté de la terre calcaire, qui, faturée d'acide vitriolique, a produit l'argile.

Le quartz s'eft formé de l'acide vitriolique répandu dans l'air & de l'alkali fixe produit par l'alkali volatil qui s'eft décompofé ; cet alkali volatil doit fon origine à la putréfaction des

---

(r) Le fel ammoniac animal eft compofé d'alkali volatil & d'acide phofphorique.

végétaux ; la matière huileuse que ceux-ci contiennent a fait prendre à ce tartre vitriolé naturel la propriété de ne point se dissoudre dans l'eau.

Le quartz qu'on trouve dans le terreau qu'on a préparé avec soin est blanc, brillant, transparent & en petits cristaux quelquefois très-réguliers.

Pour retirer de la terre végétale l'argile, le quartz, la terre absorbante, le fer, &c. qu'elle contient, j'ai procédé de la manière suivante : par l'acide nitreux, j'ai extrait la terre absorbante ; par les lotions, j'ai séparé l'argile & le quartz ; par la distillation, j'ai obtenu l'huile & l'alkali volatil ; enfin du résidu de la distillation calciné, j'ai retiré du fer par le moyen du barreau aimanté.

Toutes les terres végétales ne contiennent point en égale proportion l'huile, l'alkali volatil, l'argile & le quartz qu'on y rencontre, ce qui fait qu'elles sont aussi plus ou moins propres à la végétation.

PREMIÈRE ESPÈCE.

Terreau de couche.

Le concours de l'air est nécessaire pour la préparation d'un bon terreau ; celui que j'ai fait sous des châssis n'avoit ni les propriétés ni la couleur de celui que j'avois fait en plein air.

Le terreau de couche, ordinairement composé de végétaux & de crotin altérés par la
putréfaction, est d'un brun noirâtre & le plus
propre à produire une végétation prompte; si
on l'examine à la loupe, on reconnoît qu'il est
rempli de petits vers & d'une quantité innom-
brable d'animalcules; si on étend sur une
planche du terreau, & qu'ensuite on l'expose
au soleil, chaque molécule paroît animée &
en mouvement *(f)*: en moins d'une année
le fumier se convertit en bon terreau, dans
lequel on trouve encore beaucoup de fétus de
paille; ayant laissé un tas de terreau pendant
trois ans sans le faire servir à la végétation,
j'ai reconnu qu'alors on n'y trouvoit presque
plus de substances végétales, qu'il étoit beaucoup plus divisé & qu'il contenoit une bien
plus grande quantité de quartz dont les cristaux
étoient aussi plus gros; j'ai remarqué que les
cristaux de quartz qu'on trouve dans le terreau
y prennent de l'accroissement avec le temps, &
qu'au bout de six mois ceux qu'on y rencontre
ne sont que de très-petits cristaux à angles fort
saillans.

Le terreau n'a point d'odeur; goûté, il

(f) J'ai fait ces observations dans le mois de Juin.

n'imprime aucune faveur ; fi l'on verfe deffus des acides, il fe fait une forte effervefcence ; quand on l'expofe au feu, il brûle, répand une odeur fétide & produit une cendre noire, en partie attirable par l'aimant ; cette cendre expofée à un feu très-violent, fe convertit en un émail noir & cellulaire.

Ayant diftillé du terreau nouvellement fait, il a paffé par livre environ fix onces d'eau infipide, puis huit onces d'efprit alkali volatil brun, & enfin quatre gros d'une matière oléo-favonneufe brune.

Le terreau de trois ans m'a produit beaucoup moins de cette matière oléo-favonneufe brune, qui eft formée par de l'alkali volatil joint à une portion d'huile empyreumatique ; lorfqu'on verfe un acide fur cette efpèce de favon, il fe fait une vive effervefcence & l'huile vient nager à la furface de l'eau qui s'éclaircit.

De l'ancienne terre végétale *(t)* ne m'a donné, par la diftillation, qu'une très-petite quantité d'alkali volatil & prefque point d'huile ; on ne

---

(1) J'ai pris cette ancienne terre dans un lieu élevé, ombragé par de vieux chênes ; j'avois eu foin de rejeter environ deux pouces de la furface de cette terre qui étoit brunâtre & faifoit effervefcence avec les acides ; expofée à un feu violent, elle s'eft changée en un émail noir.

T iij

peut rendre sensible cette dernière qu'en saturant d'acide l'alkali volatil, alors l'huile monte à la surface.

DEUXIÈME ESPÈCE.

Terre végétale.

Les terreaux perdent en peu de temps leur propriété hative & passent à l'état de terre végétale; la terre végétale elle-même s'épuise & ne seroit plus propre à la végétation si on ne lui redonnoit une nouvelle vigueur par des engrais.

Toutes les matières qui, en se décomposant, produisent de l'alkali volatil, sont propres à fumer les terres ou à leur rendre les principes dont elles ont été dépouillées par la végétation; le fumier de cheval est le meilleur des engrais; les Cultivateurs lui ont donné le nom d'*engrais chaud*, & celui d'*engrais froid* au fumier de bœuf & de vache; ce dernier étant plus humide, plus élaboré, se putréfie plus aisément & l'alkali volatil s'en dégage plus promptement; cet alkali doit être regardé comme un des principes de la bonne végétation. Dans le Forès on mêle des rognures de cornes avec la terre pour la fertiliser, & cet engrais est très-bon. M. Fougeroux, de l'Académie des Sciences, rapporte, dans *l'Art du Coutelier en ouvrages communs*, « que les rognures de cornes de bœuf & de bélier « servent à fumer les terres ; que c'est un « des meilleurs engrais, & qu'on en revend à « Saint-Étienne pour plus de douze mille livres « par an. »

En ne faisant point rapporter annuellement un terrein, en le laissant en jachère, on parvient à lui rendre les principes qui doivent le fertiliser de nouveau ; les plantes annuelles qui y croissent durant cet intervalle y laissent leurs débris & forment un fumier naturel qui rend ce terrein plus propre à la végétation.

Il faut être attentif à la nature de l'engrais qui convient à un terrein ; on doit éviter en général l'usage des sels neutres & sur-tout celui des sels métalliques ; ces sels paroissent dans le premier instant produire un bon effet, mais il n'est point de durée, & les terreins se détériorent dès la seconde année si l'on n'a pas soin d'en remettre ; en Picardie, on emploie comme engrais les cendres des tourbes vitrioliques qui contiennent beaucoup de vitriol martial calciné : on a remarqué qu'elles produisoient un très-bon effet ; mais si l'on ne continue pas à en répandre sur les terreins où l'on en a fait usage, ces terreins paroiffent comme calcinés & ne font plus propres à la végétation.

On devroit donc profcrire cette efpèce d'engrais, & avec d'autant plus de raifon, qu'il y a lieu de croire que le fourrage retient une partie des fels produits par les pyrites décompofées. Les pyrites qu'on rencontre dans la tourbe vitriolique de Beauvais, contenant du cuivre, le vitriol qui réfulte de leur décompofition peut produire le plus mauvais effet fur l'économie animale *(u)*, & avoir même donné naiffance à l'épizootie qui a fait périr, dans ces derniers temps, la plus grande partie des bêtes à cornes de cette Province; on eft d'autant mieux fondé à le croire que la contagion ne s'eft point manifeftée en Picardie, dans les endroits où l'on n'avoit pas répandu fur les terres les réfidus de ces pyrites décompofées.

Lorfque l'argile eft en trop grande quantité

____

(u) Il a paru en 1775, une brochure dans laquelle l'Auteur fuppofe que les terres vitrioliques qu'on emploie comme engrais en Picardie, doivent à l'arfenic leur propriété malfaifante, & que c'eft en partie la caufe de l'épizootie qui a régné dernièrement dans cette Province.

Mais je puis affurer, d'après les analyfes que j'ai faites, que les terres vitrioliques de Beaurin, de Saint-Quentin & de Beauvais, ne contiennent point d'arfenic.

dans la terre végétale, il suffit, pour la rendre plus propre à la végétation, d'y porter du fable, du gravier ou des platras divifés, pour diminuer la tenacité de l'argile ; car par le retrait affez confidérable qu'éprouve cette dernière en féchant, venant à ferrer trop fort le collet des jeunes plantes, elles s'affoibliffent & fe deffechent fouvent faute de nourriture. L'eau qui féjourne fur les terreins trop argileux n'eft pas moins funefte aux plantes en les faifant pourrir.

Je crois que c'eft à l'alkali volatil qui fe dégage des différentes efpèces de terre végétale qu'on doit attribuer la végétation plus prompte & plus forte qu'on y remarque ; cet alkali volatil n'entre point en nature dans le végétal, mais il s'altère & fe modifie de diverfes manières felon le genre de plantes, qui demandent pour la plupart des terreins particuliers.

L'expérience qui fuit m'a fait connoître que l'alkali volatil qu'on retire par la diftillation des terres végétales eft produit par cette opération même, & qu'il n'étoit point combiné dans ces terres fous la forme de fel neutre ou de fel ammoniac. Ayant fait un mélange d'alkali fixe & de terreau, je l'ai diftillé dans une cornue au bain de fable, & il n'a paffé que de l'eau infipide & inodore.

Si le principe de l'odeur qui se dégage de l'alkali volatil, concourt, comme l'expérience le démontre, à hâter la végétation, il n'est cependant pas d'une nécessité absolue pour la végétation en général, puisqu'il y a des plantes qui croissent & végètent dans l'eau & qui y prennent un accroissement considérable sans le concours de la terre végétale; il paroît, dans ce dernier cas, que l'air est l'agent qui introduit dans la plante qui se développe, le fer, la terre absorbante, l'acide & le phlogistique qui la composent.

TROISIÈME ESPÈCE.

Terre de Bruyère.

On nomme *terre de bruyère* une terre végétale où il ne se trouve presque point d'argile & où le quartz *(x)* & la terre martiale noire se trouvent en grande quantité; cette terre n'est pas aussi propre à la végétation que les précédentes; mais comme elle est peu argileuse, les Botanistes & les Fleuristes en font usage pour cultiver les oignons des plantes bulbeuses & pour élever les semences des arbrisseaux.

(x) M. Linné a eu raison d'avancer qu'avec le temps la terre végétale se changeoit en sable. *Voyez* Pott, Lithogéogn. trad. franç. *Tome II*, *page 94.*

L'eau dont on se sert pour arroser les plantes peut concourir à retarder leur développement, & quelquefois même les faire périr, ce qui dépend de la nature des sels que cette eau contient. Une eau trop séléniteuse forme à la longue une incrustation sur la racine des plantes, dès-lors celles-ci languissent & périssent peu après. J'ai vu une orangerie considérable dont les arbres mouroient tous en peu de temps, parce qu'on faisoit usage d'une telle eau pour les arroser.

On peut rendre l'eau la plus séléniteuse propre à l'arrosement des plantes, de même qu'au blanchissage du linge, en mettant dans cette eau des cendres dont l'alkali fixe décompose la sélénite qu'elle contient ; lorsque la terre absorbante s'est précipitée, l'eau tient alors en dissolution du tartre vitriolé.

QUATRIÈME ESPÈCE.

Terre franche, Terre à four, Terre à luter.

Cette espèce est de couleur jaunâtre & n'est point aussi propre à la végétation que celles qui précèdent.

Elle est composée de beaucoup d'argile, de sable & de craie mêlée d'ocre martiale jaune ;

on trouve des bancs de cette terre qui ont vingt
& trente pieds d'épaisseur ; ils renferment
souvent des masses de cailloux blanchâtres qui
sont très-tendres lorsqu'on les retire de la terre,
mais qui après avoir été à l'air, y prennent la
plus grande dureté.

La terre franche, détrempée avec de l'eau,
sert à faire un mortier qu'on emploie dans les
campagnes pour la construction des murs de
clôture en moëllon ; cette terre peut aussi servir
à faire des poteries vernissées & le biscuit de
la faïence ; exposée à un feu violent, elle se
change en un émail verdâtre, cellulaire.

La terre franche s'emploie aussi pour luter
les cornues & les fourneaux dont on se sert en
Chimie ; la portion de sable qu'elle contient
fait que l'argile qui lui sert de base & qui lui
donne la tenacité, n'est pas susceptible d'un
retrait considérable.

Tourbe.

On donne le nom de *tourbe* à un entassement
de matières végétales à demi pourries, auquel
il se fait tous les jours de nouvelles additions
par la destruction des végétaux qui croissent
en ces endroits que l'on nomme *tourbières* ; les

plantes ne s'y détruisent aussi facilement que parce qu'il s'y trouve beaucoup d'eau qui se communique par imbibition comme dans une éponge jusqu'aux racines des nouvelles pousses; celles-ci se fanent à leur tour, pourrissent & forment une espèce de fumier où croissent de nouvelles herbes, de manière qu'il y a des *tourbières* fort anciennes & fort profondes.

On connoît deux espèces de tourbes, l'une qu'on nomme *limonneuse* & qui se trouve à seize ou dix-sept pieds de profondeur, elle est plus pesante, plus compacte & dure plus long-temps au feu que celle qui est *fibreuse*; cette seconde espèce de tourbe se trouve à la surface de la terre, & est composée d'un amas de plantes peu altérées; elle est plus légère, s'allume plus aisément & donne moins de chaleur que celle de la première espèce.

Les tourbes décomposées par le feu, à peu-près comme le bois qu'on veut réduire en charbon, donnent un charbon qui conserve son feu très-long-temps & qui produit une chaleur uniforme. Boërhaave rapporte que Boyle en faisoit le plus grand cas, & Becker a prouvé qu'on pouvoit l'employer pour la fonte des métaux.

PREMIÈRE ESPÈCE.

Tourbe limonneuse de Hollande.

Cette espèce, qu'on trouve ordinairement à seize ou dix-sept pieds de profondeur sous l'eau, est noire, très-compacte & ne montre pas sensiblement les vestiges des végétaux auxquels elle doit son origine ; elle forme une espèce de limon, qui, après avoir perdu de son humidité à l'air, est taillé en parallélipipèdes qu'on fait ensuite sécher pour le chauffage.

Par la distillation, la tourbe de Hollande fournit de l'eau mêlée d'acide marin & de l'huile figée ; le résidu de la distillation calciné, donne une cendre grisâtre, qui, après avoir été lessivée, produit par l'évaporation, de la sélénite, du sel marin à base terreuse & du sel de Glauber ; ce qui reste sur le filtre étant desséché, puis exposé au feu, devient attirable par l'aimant, mais à un feu plus violent, il donne un verre noir & opaque.

Si l'on verse de l'acide nitreux sur la cendre de cette tourbe, il se fait une effervescence, & dix heures après la dissolution se change en une gelée transparente.

L'odeur que répand la tourbe de Hollande

en brûlant est moins désagréable que celle que produit la tourbe fibreuse *(y)*; son charbon reste aussi plus long-temps embrasé, ce qui peut provenir du rapprochement plus exact de toutes ses parties.

Le charbon de tourbe, en brûlant, se couvre de cendres à sa surface, tandis que son intérieur est rouge & embrasé; ce charbon se réduit totalement en cendres sans se déformer, lorsqu'on n'y touche point.

DEUXIÈME ESPÈCE.

Tourbe fibreuse alkaline.

Cette tourbe est noirâtre & composée de débris de végétaux dont l'espèce est quelquefois encore très-reconnoissable. La tourbe fibreuse, moins compacte que la limonneuse, répand, lorsqu'on la brûle, une odeur plus désagréable, ce qui vient de la différence des principes dont ces tourbes sont composées.

Outre l'alkali volatil, la tourbe fibreuse donne, par la distillation, une matière oléo-savonneuse, & le résidu de la distillation produit,

---

(y) Durant la combustion de cette tourbe, l'huile & l'acide deviennent libres; dans la tourbe fibreuse, au contraire, c'est l'alkali volatil qui se dégage.

après avoir été calciné dans un têt, une cendre jaunâtre très-divisée, en partie attirable par l'aimant ; ces cendres lessivées n'ont point produit de sel, mais exposées à un feu violent, elles ont formé un émail noir.

TROISIÈME ESPÈCE.

Tourbe fibreuse vitriolique.

Les tourbes de Picardie sont en général beaucoup plus pyriteuses que celles des autres pays ; la tourbe de Beauvais contient tant de pyrites qu'elle prend feu lorsqu'on l'expose en tas à l'air libre.

L'endroit d'où l'on tire la tourbe de Beauvais est un peu en pente & exposé au Midi ; la tourbière a dix ou douze pieds de profondeur, elle est composée de différens lits.

Le premier est poreux ; exposé à l'air, il se couvre d'une efflorescence de sel de Glauber.

Le second lit est un peu plus compacte ; on y trouve des brins de roseaux en partie détruits, dont l'intérieur est rempli de petits cristaux de gypse rhomboïdaux décahèdres, formés par deux pyramides rhomboïdales tronquées, jointes base à base ; ces cristaux sont blancs, transparens & ordinairement groupés.

Le

Le troisième lit est encore plus compacte, il contient beaucoup de vitriol martial & de zinc, & des pyrites martiales un peu cuivreuses.

On trouve, après cette couche de tourbe vitriolique, des roseaux pyriteux, cellulaires & très-solides, ensuite du sable & un lit de marne grise.

La tourbe vitriolique de Beauvais, contient environ vingt-cinq livres de vitriol mixte par quintal, avec un peu d'alun & de sélénite.

Le vitriol qu'on retire de cette tourbe est d'un vert pâle, parce qu'il contient beaucoup de zinc & un peu de cuivre ; la lessive de cette tourbe vitriolique produit difficilement des cristaux, parce que le mélange des vitriols qui s'y trouvent en dissolution s'épaissit par l'évaporation, & refuse, pour ainsi dire, de cristalliser.

Les produits de la distillation de cette tourbe sont différens, suivant qu'on a employé la tourbe lessivée ou celle qui ne l'a pas été ; cette dernière produit de l'acide sulfureux, du soufre & du foie de soufre volatil ; le résidu contient du foie de soufre terreux, & après avoir été calciné, il fait effervescence avec les acides ; la tourbe qui a été lessivée, produit de l'huile par la distillation, & son résidu ne fait point effervescence avec les acides.

Tome I. U

Si dans la diſtillation de la tourbe vitriolique qui n'a pas été leſſivée, on ne retire point d'huile, c'eſt que cette huile a été décompoſée par l'acide du vitriol martial ; une partie de cet acide devient acide ſulfureux en s'uniſſant au phlogiſtique de l'huile, tandis que l'autre partie forme du ſoufre à ſ'aide du phlogiſtique de cette même huile.

Le réſidu de cette tourbe, après avoir été calciné, fait efferveſcence avec les acides, parce que la ſélénite qu'elle contenoit a été décompoſée pendant la diſtillation ; l'acide de cette ſélénite en ſe combinant avec le phlogiſtique de l'huile, a formé du ſoufre, & la terre abſorbante eſt reſtée à nu ; la tourbe qui au contraire a été leſſivée, ne contenant plus de vitriol ni de ſélénite, ne peut produire de l'acide ſulfureux ni du ſoie de ſoufre terreux.

Produit des Volcans.

On trouve des volcans dans toutes les parties du Monde, dans les contrées les plus froides comme dans les plus chaudes, ſur-tout vers les bords de la mer & dans les plus hautes montagnes ; un orifice immenſe, en forme d'entonnoir, eſt la bouche qui vomit la plus grande partie des matières qu'ils rejettent ; c'eſt ce qu'on nomme *cratere* ; celui du Vésuve a plus de trois milles de diamètre.

D'après les observations multipliées qui ont été faites dans ces derniers temps , il y a lieu de croire que le nombre des volcans éteints est plus considérable que celui des volcans actuellement en action ; sans discuter ici si ces volcans sont des bienfaits ou des fléaux de la Nature pour les pays où ils se rencontrent, je dirai qu'ils sont produits par l'inflammation spontanée des pyrites *(z)* , & que cette inflammation a lieu par le concours simultané de l'air & de l'eau ; de la décomposition de ces pyrites, résultent des mixtes nouveaux qui donnent naissance aux divers phénomènes souterreins dont les explosions sont si terribles. A peine les pyrites sont-elles pénétrées d'assez d'eau pour se décomposer qu'il s'en dégage un foie de soufre volatil , auquel succèdent des vapeurs phosphoriques inflammables ; celles-ci proviennent du fer & du zinc contenus dans les pyrites, elles ont lieu quand l'acide vitriolique du soufre porte son action sur les substances

---

(z) Les pyrites martiales se trouvent déposées dans le sein de la terre avec une profusion incroyable. Il y a dans les environs de Beaurin en Picardie des bancs de pyrites qui ont plus de vingt-cinq pieds d'épaisseur.

métalliques ; ces vapeurs ainsi dégagées , occupent les cavités de la terre & s'enflamment avec explosion aussitôt que les pyrites ont pris feu *(a)* ; le tremblement de terre ou le bruit sourd produit par l'explosion de ces vapeurs souterreines , est d'autant plus fort que leur quantité & leur compression sont plus considérables.

Ces vapeurs ne sont pas plutôt enflammées , que l'air introduit dans les cavités y excite & augmente le feu des pyrites ; les matières qui se rencontrent dans la sphère d'activité de ce foyer, s'altèrent plus ou moins suivant leur nature, & lorsque l'eau vient à s'y introduire , elle est sur le champ réduite en vapeurs , qui , par l'effort qu'elles font pour se dégager , soulèvent les masses environnantes avec un degré d'activité proportionné à la résistance de ces masses.

(a) M. le baron de Dietrick dit « que les incendies des » volcans, s'annoncent ordinairement par le mugissement & » les commotions de la montagne , par l'élévation du plan » intérieur du *cratere* , par l'apparition de quelques monticules » sur ce plan , par l'abondance de soufre & de sels qui » s'attachent au sommet du *cratere* , & enfin par la fumée » qui sort avec impétuosité & qui est beaucoup plus noire » qu'à l'ordinaire ; lorsque la bombe est prête à crever , » continue-t-il , la fumée s'élève perpendiculairement & prend la forme d'un pin. » *Note sur les Lettres de Ferber,* *page 192.*

M. le chevalier Hamilton, qui a décrit le Vésuve avec tant d'exactitude, m'a dit que dans les éruptions de ce volcan, les matières qui ont reçu l'impression du feu sont en bien moindre quantité que celles qui ne l'ont pas reçue, & qu'à en juger par ces matières, le Vésuve a rejeté beaucoup plus d'eau & de cendres fangeuses que de laves vitrifiées.

Je crois que le degré de chaleur produit par les volcans n'est pas aussi considérable qu'on se l'imagine, puisqu'ils rejettent très-rarement des matières exactement vitrifiées, & que la plupart d'entr'elles ne paroissent avoir éprouvé qu'une espèce de frite ou demi-vitrification ; si l'on expose ces matières à un feu vif dans un creuset, elles produisent un émail compacte, plus ou moins coloré, semblable à celui que rejettent l'Hécla & quelques volcans du Pérou. On a aussi trouvé de cet émail ou verre de volcan, parmi les laves du Vicentin *(b)*, mais il est plus rare au Vésuve.

On a avancé que les basaltes en prismes, tels que ceux de la chaussée des Géans en Irlande, étoient des produits de volcans ; cela peut être, mais en ce cas les volcans qui leur

---

(b) Lettres de Ferber, trad. franç. *pages 75 & 242.*

ont donné naissance étoient différens de ceux qui sont en vigueur aujourd'hui, car ni l'Etna, ni le Vésuve, ni l'Hécla ne nous ont point encore fait voir de ces basaltes en grands prismes simples ou articulés, qui sont si communs parmi les éruptions des anciens volcans actuellement éteints.

Les volcans sont en silence tant qu'il ne s'introduit pas une grande quantité d'eau dans leur foyer ; il en sort seulement des vapeurs aqueuses acides , arsénicales ou ammoniacales qui se condensent sur les parois & dans les crevasses de la montagne où se trouve le volcan.

Les éruptions de volcans , varient par leur nature ; il y en a de simplement aqueuses , de salines , de boueuses, de vitreuses & de diverses matières pierreuses plus ou moins altérées & divisées par l'action du feu souterrein , & souvent même absolument intactes.

PREMIÈRE ESPÈCE.

Éruption aqueuse.

Lorsque l'eau de la mer ne s'introduit qu'en petite quantité dans un volcan, les effets qu'elle y produit sont peu sensibles, une partie se dissipe en vapeurs insipides, comme M. le chevalier Hamilton l'a observé au Vésuve, tandis que le sel que cette eau contenoit, cristallise & se dépose dans les cavités du volcan; ce sel est très-abondant au Vésuve, les pauvres gens des environs vont le ramasser & l'emploient à saler leurs alimens. On verra par la suite que le sel marin est une des matières qui concourent le plus aux altérations des laves; son acide est la vapeur dominante qui se développe & celle qui attaque & rouille le fer avec tant de promptitude; si l'on va proche le cratere du Vésuve & qu'on ait sur son habit des boutons d'acier, on les trouve en revenant si rouillés & si bruns qu'il n'est plus possible de leur rendre leur poli; ayant lavé de ces boutons dans de l'eau distillée, j'ai remarqué qu'après avoir versé dans cette lessive de la dissolution de nitre lunaire, il s'étoit formé de l'argent corné.

Avant & après des éruptions de laves de différentes natures, il arrive quelquefois que les volcans vomissent des torrens d'eau salée (c)

(c) En 1631, pendant une éruption du Vésuve, la mer du port de Naples fut mise à sec & parut absorbée par le volcan, qui peu après inonda les campagnes de fleuves d'eau salée. *Encyclopédie.*

qui entraînent & submergent tout ce qui est
sur leur passage , on peut se dérober à la lave,
mais l'eau est quelquefois rejetée en si grande
quantité qu'il est impossible de s'en garantir.

DEUXIÈME ESPÈCE.

Sel ammoniac sublimé.

M. Ferber, dans sa XI.ᵉ Lettre, *page 186,*
dit avoir vu à mi-côte du Vésuve une espèce
de chemin couvert, formé par la dernière lave
rejetée par ce volcan & qui ressembloit assez
à une galerie tortueuse, dans laquelle il y auroit
eu plusieurs petites allées latérales ; ce Natu-
raliste y alla aussi avant que la chaleur le lui
permit, & trouva dans toutes les crevasses &
les cavités de cette lave une quantité de sel

Le même phénomène avoit eu lieu en 1538, lors de la
formation du *Monte-nuovo.*

En 1530, dans un tremblement de terre qu'on ressentit
sur la côte de Cumana près de l'île de Cubagua, la terre
s'ouvrit en différens endroits & il en sortit beaucoup d'eau
salée, noire comme de l'encre. *Collect. Acad. part. étrang.*
Vol. VI, page 542.

En 1534, éruption d'eau du volcan de Guatimala. *Ibid.*

En 1703, la ville de Montéréale & les environs furent
inondés de la hauteur d'une coudée par des eaux salées
qui sortirent de la terre. *Ibid. page 596.*

ammoniac blanc ; « ce sel, ajoute-t-il ailleurs, «
se sublime en assez grande quantité par des «
ouvertures & les fentes de l'intérieur de la «
bouche du Vésuve, ainsi qu'à la Solfatare ; «
il s'y attache extérieurement en masses com- «
pactes & cristallisées. Il est encore plus remar- «
quable que ce sel ammoniac se sublime de «
toutes les ouvertures & fentes de la lave qui «
a déjà coulé hors du Vésuve, à la superficie «
de laquelle il s'attache lorsque la lave com- «
mence à se refroidir, environ deux mois «
après l'éruption. » *Ibid. page 247.*

Suivant le même Observateur *(d)*, le sel
ammoniac du Vésuve est blanc, tandis que
celui de la Solfatare est jaunâtre.

J'ai reconnu, par l'analyse, que le sel ammoniac du Vésuve étoit pour l'ordinaire très-pur,
tandis que celui de la Solfatare étoit mêlé de
sel ammoniac vitriolique, de sel ammoniac sulfureux & d'un peu de vitriol martial, le tout
parsemé de cristaux de rubine d'arsenic.

(d) La formation du sel ammoniac, dit M. le baron
de Dietrick, est une preuve de plus de la communication
de la mer avec le Vésuve. L'acide marin qui le compose ne
provient sans doute que du sel contenu dans les eaux de
la mer qui pénètrent dans les entrailles du Vésuve. *Note
sur les Lettres de Ferber, page 247.*

TROISIÈME ESPÈCE.

Réalgar sublimé & cristallisé, Rubine d'arsenic.

Il se sublime journellement à la Solfatare du réalgar qui se dépose dans des crevasses, à la surface des pierres & sur le sel ammoniac où il cristallise en prismes hexagones à sommets dihèdres ; ils sont transparens & d'une belle couleur rouge de rubis, d'où leur est venu le nom de *rubine d'arsenic*.

QUATRIÈME ESPÈCE.

Éruption boueuse, Tufa, *Pouzzolane*.

Suivant M. Hamilton, le *tufa* qui a comblé *Herculanum*, provient de cendres fluides & boueuses *(e)* ; cet habile Observateur a vu tirer de ce tufa, sous le théâtre d'*Herculanum*,

---

(e) En 1698, le volcan de Carguaraiso au Pérou étant venu à crever, les cendres qu'il vomit, mêlées à la neige fondue par les flammes, formèrent des torrens d'une fange noirâtre qui inondèrent les campagnes. *Collect. Acad. part. étrang. Vol. VI, page 591.* Le *Monte-nuovo* a pareillement jeté des cendres boueuses & fluides en 1538, & le Vésuve en 1631.

la tête d'une statue antique dont l'empreinte, restée dans le tufa, étoit assez parfaite pour servir de moule, ce qui n'auroit pu avoir lieu si les parties qui constituent cette pierre n'avoient pas eu la consistance d'une pâte molle au moment où elles ont enveloppé cette tête.

M. Hamilton dit, *page 58 de ses Lettres sur le Vésuve (f)* : « ce qu'il y a de remarquable dans la composition du tufa me paroît être cette « belle matière brûlée appelée *pouzzolane (g)* « qui est si utile pour le ciment. »

Le tufa varie par sa couleur & sa consistance suivant la nature des matières dont il est composé ; il y en a de jaunâtre, de verdâtre & de grisâtre : celui qui recouvre *Herculanum* est de cette dernière couleur, il n'a que très-peu de consistance, & on remarque dans sa fracture des cristaux irréguliers de schorl verdâtre *(h)* & quelquefois des corps calcaires. M. Hamilton

---

(f) La description & les plans du Vésuve, par M. le chevalier Hamilton, offriront à la postérité l'histoire de ce volcan, la plus exacte & la plus intéressante.

(g) M. de Fougeroux dit, dans son Mémoire sur le Vésuve, que la pouzzolane doit son origine à la lave poreuse & cellulaire.

(h) J'ai vu du tufa jaunâtre dans lequel se trouvoient des grenats blancs, opaques & friables.

a donné au Cabinet du Roi un morceau de tufa
qui renferme une coquille fossile.

Le tufa d'*Herculanum*, dont j'ai fait l'essai,
n'étoit point calcaire ; il m'a paru devoir son
origine à du schorl divisé & plus ou moins
aglutiné, car il y en a de friable comme de la
terre.

Si l'on expose au feu ce tufa grisâtre, il
produit d'abord une fritte ou scorie noire,
cellulaire, qui, par un feu plus violent se
convertit en émail noir.

La Pouzzolane me paroît être une espèce
de tufa, au moins celle qui est jaune ou rougeâtre & qu'on trouve dans l'État Ecclésiastique
aux environs de Rome & dans d'autres parties
de l'Italie ; on la transporte à *Civita-Vecchia*,
d'où on l'envoie en Suède, en France, en
Hollande & dans plusieurs autres contrées de
l'Europe pour en faire, en l'unissant avec de
la chaux, un mortier impénétrable à l'eau.

Cette pouzzolane, exposée à un feu violent,
éprouve les mêmes altérations que le tufa d'*Herculanum*, c'est-à-dire qu'elle se réduit d'abord
en une scorie noire, cellulaire, & qu'ensuite
elle forme un émail noir. M. Cronstedt a placé
la pouzzolane parmi les mines de fer à cause
de la portion de ce métal qu'elle contient, de

même que les schorls & basaltes d'où elle tire son origine *(i)*.

CINQUIÈME ESPÈCE.

Pierre de Caprarole, Lave à œil de perdrix.

Le fond de cette lave est un tufa noirâtre & fragile, parsemé de grenats blancs, friables & opaques, qui, malgré cette altération, conservent encore la forme régulière de leur cristallisation. Ces grenats ont été ainsi altérés par une vapeur acide *(k)*, qui, ayant dissout le fer qui les coloroit, a produit un sel martial, ce sel, entraîné par les eaux, a laissé les grenats dans un état de blancheur & de porosité à cause des vides occasionnés par l'absence du fer.

Si l'on expose ces grenats à un feu violent,

(i) Les Hollandois réduisent en poudre, avec des moulins, le basalte en prismes ou des laves poreuses, & les vendent ainsi sous le nom de *pouzzolane* ; cette pouzzolane factice n'est pas moins propre à former un bon mortier que le tufa & la pouzzolane proprement dite, cette dernière n'étant composée que de schorls ou basaltes divisés naturellement & très-peu altérés, comme je l'ai dit ci-dessus.

(k) On en donnera la preuve dans les paragraphes suivans. Ayant distillé quatre onces d'huile de vitriol sur un gros de grenats dodécaèdres transparens, leur surface est devenue blanche, mais leur intérieur n'a point éprouvé d'altération.

ils éprouvent un commencement de vitrification qui les fait adhérer entre eux , & ils donnent, par ce moyen, un verre blanc, demi-transparent ; durant cette opération, ces mêmes grenats diminuent de volume de plus de moitié, effet qui provient de ce que les lames qui composoient le grenat se rapprochent par la vitrification sans que le polyhèdre perde entièrement sa forme cristallisée.

Connoissant l'altération dont sont susceptibles les grenats de la pierre de Caprarole, il est aisé de donner la raison pour laquelle les grenats qui se rencontrent dans la lave poreuse, cellulaire & rougeâtre de *Pompeia* sont solides & vitreux, & pourquoi ces grenats sont libres & mobiles dans leurs alvéoles. Cette lave ne me paroît être elle-même qu'une fritte du tufa, c'est-à-dire une demi-vitrification ; ainsi les grenats qu'elle contient ayant été exposés au même degré de feu, ont dû y éprouver assez d'altération pour se vitrifier en partie, & par-là même diminuer de volume comme ceux dont j'ai parlé dans l'expérience précédente.

Les grenats qu'on trouve dans la lave poreuse, rougeâtre de *Pompeia*, ainsi que dans la plupart des laves & des tufa d'Italie, sont à vingt-quatre facettes très-régulières.

SIXIÈME ESPÈCE.

Lave compacte.

On donne en général le nom de *lave* à des matières à demi vitrifiées, vomies par les volcans dans un état de fusion & de fluidité, ou plutôt en consistance de pâte molle & enflammée; l'espèce dont il s'agit est très-compacte & varie par sa couleur, qui est d'un gris plus ou moins foncé; elle est presque toujours parsemée de petits cristaux de schorl noirs ou verdâtres; comme cette lave est dure & peu ou point poreuse, on l'emploie à Naples aux fondations des maisons & pour paver les rues; elle est susceptible d'un certain poli, aussi en fait-on des tabatières, des tasses, &c.

La lave grise compacte étant exposée au feu, donne une scorie noire, cellulaire; à un feu plus violent, elle produit un émail noir.

Les laves sortent plus souvent par les flancs du volcan que par le sommet ou la bouche ordinaire; ces torrens de matières rouges & embrasées ont alors une consistance pultacée & n'acquièrent de la solidité qu'en refroidissant, ce qui est très-lent relativement à leurs masses; elles se gercent & se fendent à leur surface, bientôt refroidie par le contact immédiat de l'air, mais M. Hamilton m'a assuré qu'au bout de trois ans la chaleur qui sortoit par ces fentes étoit encore assez considérable pour allumer des copeaux de bois sec.

M. Cadet, dans son *Analyse des laves (Mém. de l'Acad. 1761)*, dit qu'elles contiennent du quartz, du fer, du cuivre & de la terre de l'alun; il peut se trouver des laves qui contiennent du cuivre, mais j'avoue qu'elles me sont inconnues.

SEPTIÈME ESPÈCE.

Lave brunâtre, solide & chatoyante.

Cette espèce, moins compacte que la précédente, est aussi plus poreuse; elle est parsemée de petits fragmens de verre verdâtres & transparens qui chatoyent en rouge & en vert *(l)*.

Cette lave, exposée au feu, s'y est changée en un émail noir.

(l) On voit dans le Cabinet du Roi, plusieurs morceaux de cette espèce envoyés de l'île de France; ils diffèrent par la manière dont ils chatoyent.

HUITIÈME

HUITIÈME ESPÈCE.

Lave noire, torse.

Cette espèce de lave solide est striée à sa surface & paroît avoir été tordue ; c'est une lave qui dans son état de mollesse s'est échappée par les fentes ou gerçures latérales d'une masse de lave dont la surface avoit déjà pris de la consistance. On remarque dans sa fracture des petits pores ronds, mais moins multipliés que dans la pierre de Volvic qui suit.

Cette lave produit aussi, par la fusion, un émail noir.

NEUVIÈME ESPÈCE.

Lave poreuse grise, Pierre de Volvic.

La pierre de Volvic, dont on se sert en Auvergne *(m)* pour bâtir, est une lave grisâtre,

---

(m) On voit aussi dans l'Auvergne une quantité prodigieuse de laves noirâtres, poreuses & cellulaires ; mais la lave jaune & la blanche ne s'y rencontrent point, par la raison sans doute que les volcans qui ont fourni ces laves n'ont point reçu l'eau de la mer, & qu'ainsi l'acide du sel ne s'est point trouvé là pour attaquer & dissoudre le fer qui les colore.

Tome I. X

criblée de pores arrondis, & d'une petitesse singulière; cette pierre, exposée au feu, produit un émail noir.

DIXIÈME ESPÈCE.

Lave noirâtre cellulaire.

Cette lave peut être considérée comme une fritte naturelle; les pores dont elle est criblée varient par leur grandeur & sont plus ou moins ronds; il y en a de très-petits, d'autres ont une ligne ou une ligne & demie de diamètre & quelquefois plus; le tissu lâche & spongieux de cette lave n'ôte rien à sa solidité, & sa grande légèreté la fait rechercher pour la construction des voûtes *(n)*.

Le *lapillo* des Napolitains est une lave poreuse de cette espèce, que le Vésuve rejette en très-petits fragmens; elle renferme souvent une grande quantité de petits cristaux de schorl noir, décahèdres ou dodécahèdres plus ou moins intactes.

Cette lave poreuse exposée à un feu violent,

______

(n) Cette lave est souvent assez légère pour nager sur l'eau; si elle retombe dans le volcan, elle y éprouve de nouveau l'action du feu & sa surface se recouvre d'un émail blanchâtre, solide ou granuleux.

s'y change en un émail noir, semblable à celui que produisent les basaltes en prismes.

Il y a de ces laves poreuses rouges, d'autres qui sont violettes, &c.

ONZIÈME ESPÈCE.

Lave poreuse d'un jaune citrin.

A la première inspection on croiroit que cette lave doit sa couleur à du soufre, mais elle n'en contient point, & cette couleur jaune qui la distingue ne provient que du fer combiné avec de l'acide marin; il ne faut, pour s'en convaincre, que goûter ces laves; la saveur vive & martiale qu'on y trouve indique assez la présence de ces deux principes. Ces mêmes laves sont sujettes à recevoir les impressions de l'atmosphère, car elles sont humides lorsque le temps est à la pluie, ce qui vient de ce que le sel martial déliquescent qu'elles contiennent attire l'humidité dont l'air est alors surchargé.

La lave poreuse jaune offre une altération remarquable de la lave noire cellulaire, qui, comme on sait, doit sa couleur à du fer; la théorie qui établit que cette altération se produit par le moyen de l'acide marin, est fondée sur les expériences suivantes. Ayant lessivé de la lave poreuse, jaune & salée *(o)*, l'eau distillée dont je me suis servi est devenue d'un beau jaune de safran ; elle tenoit en dissolution du *sel martial*, c'est-à-dire de l'acide marin combiné avec du fer. Je me suis convaincu de cette vérité en mettant en digestion des morceaux de lave poreuse noire dans six parties d'acide marin concentré, la lave s'étoit divisée & décolorée sans effervescence, l'acide marin avoit pris une belle couleur jaune exactement semblable à celle que m'avoit fournie la lessive de la lave jaune salée ; sur ces entrefaites, M. le chevalier Hamilton entra dans mon laboratoire, je lui fis voir les résultats de mes expériences ; à peine eut-il senti cette dissolution martiale qu'il s'écria : *Voilà l'odeur du Vésuve !* il la sentit à plusieurs reprises & répéta : *Voilà le Vésuve (p) !* rien ne

---

(o) Je dis *salée* pour mieux caractériser cette lave, car on en rencontre quelquefois qui ne l'est plus, parce qu'elle a été lavée naturellement.

M. Fougeroux, de l'Académie des Sciences, qui a travaillé sur la lave jaune, dit qu'elle a été confondue avec le *giallolino* ou jaune de Naples, qu'elle a été regardée comme un soufre détruit, qu'elle est composée d'une substance saline analogue au sel marin, d'un peu d'alun, d'une terre vitrifiable & d'une petite portion de fer. *Mém. Acad. 1766.*

(p) M. Fougeroux, dans son Mémoire sur le Vésuve, dit, en parlant de l'air qu'on y respire, qu'il est chargé

me fit autant de plaifir que ces paroles qui me confirmèrent dans l'opinion où j'étois que l'acide marin produifoit la plupart des altérations que nous remarquons dans les éruptions de volcans. Les expériences que j'ai faites depuis m'en ont donné de nouvelles preuves ; mais je ne puis m'empêcher de reconnoître ici que M. le chevalier Hamilton eft celui qui m'a principalement conduit à ce travail. Voici ce qui y donna lieu : étant avec lui dans le Cabinet du Roi, où s'étoient auffi rendus M.rs de Buffon, Daubenton & Deromé Delifle, il nous dit, en jetant les yeux fur un morceau de lave dont tout l'extérieur étoit blanc & fans cellules, tandis que l'intérieur étoit noir & cellulaire : « ce morceau a été altéré par les acides qui l'ont « fait paffer à l'état d'argile. » La quantité d'alun qu'on retire de la Solfatare me fit d'abord adopter fon opinion, me réfervant à la vérifier par l'expérience. Dans ce deffein, je mis dès ce jour même des morceaux de lave noire en digeftion dans les acides minéraux ; cette lave fut décolorée & divifée par l'acide marin, ainfi

---

d'une vapeur déplaifante à l'odorat, que M. l'abbé Nollet compare à celle que produit du fer diffout dans l'efprit de fel. *Mém. Acad. année 1766, page 73.*

que je l'ai dit ci-deſſus ; ce qui reſta au fond
du vaſe étoit blanc, demi-tranſparent & ſans
forme régulière, mais aſſez ſemblable à des
globules de quartz, & infuſible comme lui *(q)*.
Ce réſidu s'eſt trouvé parfaitement analogue
au morceau de lave altérée du Cabinet du Roi,
au moins m'a-t-il paru tel ainſi qu'à M. Daubenton. La couche blanche irrégulière qu'on
voit à la ſurface de ce morceau de lave du
Cabinet du Roi, eſt granuleuſe, demi-tranſparente & invitrifiable de même que mon réſidu.

En expoſant au feu de la lave cellulaire jaune,
j'avois reconnu que les vapeurs blanches qu'elle
répandoit étoient de l'acide marin ; cette même
lave expoſée au feu le plus violent, ne s'eſt
point vitrifiée, tandis que la lave noire cellulaire
s'y convertit très-promptement en émail noir.
L'acide vitriolique affoibli décompoſe auſſi la
lave noire cellulaire, & le réſidu eſt pareillement
du quartz blanc.

Il réſulte de ces expériences comparées, que
les différentes éruptions de volcans ne doivent

(q) Si la lave contient des fragmens de ſchorl noir, ils
reſtent interpoſés dans ce réſidu ; de même quand il s'eſt
rencontré du ſchorl dans la lave noire, ce ſchorl ſe retrouve
intaɕt dans la lave jaune, & ſes criſtaux n'ont rien perdu
de leur forme.

leur fufibilité qu'au fer qu'elles contiennent , puifqu'auffitôt qu'on en a féparé ce métal, ces mêmes laves réfiftent à l'action du feu.

Si l'on fond enfemble un mélange de parties égales de fpath phofphorique, de quartz & d'alkali fixe, on obtient une maffe très-fufible , opaque & grifâtre qui n'a pas le brillant vitreux & qui me paroît avoir du rapport avec la lave compacte grife ; les laves feroient-elles des mélanges à peu-près femblables ! D'ailleurs il eft à remarquer qu'on n'a point encore trouvé de fpath fufible parmi les éruptions de volcans. On peut donc en général confidérer les laves comme des frittes compofées d'alkali minéral *(r)*, de fpath phofphorique, de quartz, de terre martiale & d'un peu de terre alumineufe.

DOUZIÈME ESPÈCE.

Pierre ponce (f).

Cette lave diffère des autres par fa légèreté & la variété de fes couleurs ; il y en a de blanches , de grife, de rouge, de jaune & de brune : elle

---

(r) L'alkali minéral peut avoir été fourni par le fel marin décompofé.

(f) L'Etna, appelé *Gibel* en Sicile , vomit une grande quantité de pierres ponces.

paroît composée de fibres parallèles très-fines & quelquefois entortillées ; les cellules qui s'y rencontrent ne sont pas aussi rondes que dans les autres laves poreuses.

La pierre ponce n'est point, comme quelques-uns l'ont avancé, le *résultat du plus haut degré de scorification*, car elle peut parvenir à un degré supérieur, qui est la parfaite vitrification *(t)*. En effet, cette pierre réduite en poudre & exposée à un feu violent, produit un verre blanc.

Les pierres ponces me paroissent être produites par des marnes scorifiées ; cette lave, dont on fait usage pour polir, pourroit être employée dans la composition du verre.

(t) Les scories ne sont souvent qu'une matière vitreuse, mais comme cette matière retient toujours une portion de métal phlogistiqué, il n'y a qu'un degré de feu supérieur qui puisse déphlogistiquer ce métal & porter la scorie à une vitrification parfaite.

TREIZIÈME ESPÈCE.

Verre jaunâtre, capillaire & flexible, rejeté par le volcan de l'île de Bourbon le 14 Mai 1766 (u).

On savoit que les cendres du volcan de l'île de Bourbon avoient souvent été rejetées par ce volcan depuis cinq ou six lieues à la ronde jusqu'à quinze ou seize, mais on n'avoit jamais vu d'éruption pareille à celle qui se fit le 14 Mai 1766. Le lendemain de cette éruption, à cinq heures du matin, on trouva le verre jaunâtre, capillaire & brillant dont il s'agit, à l'*Étang salé*, qui est à six lieues du volcan, & la terre en étoit couverte. Parmi ces filamens vitreux & flexibles, il y en avoit de deux ou trois pieds de longueur, on y remarquoit de distance en distance de petits globules vitreux *(x)*, mais le vent qui régnoit alors étoit si considérable qu'il brisa & dispersa la plus grande partie de ce verre.

(u) J'ai vu ce verre dans le Cabinet du Roi où il a été envoyé par M. Commerçon.

(x) J'ai fait du verre capillaire artificiel en versant du verre fondu dans de l'eau froide ; il y avoit de distance en distance de petits globules vitreux, des espèces de larmes bataviques.

Je ne crois pas qu'on ait encore fait mention d'une éruption semblable ; M. le chevalier Hamilton a dit à M. Daubenton, qui lui montroit ce verre de volcan, « qu'à sa connoissance le
» Vésuve n'en avoit point fourni ; qu'il soup-
» çonnoit qu'une poussière fine, rejetée par
» ce volcan, & qui incommodoit beaucoup les yeux, étoit un verre très-divisé. »

Ce verre capillaire, exposé au feu dans un creuset, se fond promptement & produit une masse vitreuse verdâtre.

QUATORZIÈME ESPÈCE.
Émail de volcan, Pierre obsidienne, Pierre de Gallinace.

La lave produisant par la fusion un émail noir semblable à celui que rejettent quelques volcans *(y)*, je crois qu'on doit attribuer

---

(y) On a improprement nommé *agate noire d'Islande* celui qui est rejeté par l'Hécla. M. Anderson, dans son *Hist. Nat. de l'Islande*, trad. franç. *Tome I*, pages *39 & suiv.* est le premier qui ait regardé cette vitrification comme étant la *pierre obsidienne des Anciens*. Quelques années après, M. le comte de Caylus établit le même sentiment dans un savant Mémoire imprimé dans le XXX.ᵉ vol. des Mémoires de l'Académie des Inscriptions. Parmi les Auteurs qu'on y trouve cités, on est surpris de ne point voir le nom de M. Anderson.

l'origine de la pierre obſidienne à de la lave qui s'eſt vitrifiée par un degré de feu plus conſidérable

Cet émail ou verre de volcan eſt aſſez dur pour faire feu avec le briquet ; on n'y rencontre point de bulles comme dans les autres eſpèces de verres.

QUINZIÈME ESPÈCE.

Schorls criſtalliſés , vomis par le Véſuve.

Ce volcan rejette une grande quantité de ſchorls qui varient non-ſeulement par les couleurs , mais auſſi par leur forme ; les uns ſont en priſmes à neuf pans comme le ſchorl de Madagaſcar ; d'autres ſont en priſmes hexahèdres tronqués , ou à ſommets dihèdres : quelques-uns ſont feuilletés , &c. Toutes ces eſpèces expoſées au feu, fondent avec la plus grande facilité , & produiſent des émaux noirâtres , quoique leur couleur fût jaunâtre , ou verdâtre *(z)*.

Ces ſchorls ſont-ils des criſtalliſations faites par le moyen du feu, ou par la voie humide ? l'une & l'autre aſſertion, a ſes probabilités.

(z) Ces couleurs ſont le produit du fer diverſement modifié qui s'y rencontre.

Le verre est susceptible de cristalliser, & de prendre les formes les plus régulières, comme le prouvent des cristallisations vitreuses produites par le feu, que M. Grignon m'a fait voir, & dont j'ai fait l'essai ; elles sont demi-transparentes, & presque toutes colorées par un peu de fer ; la couleur de ces cristaux, est le jaune verdâtre de diverses nuances. Plusieurs de ces cristaux sont solitaires, très-réguliers, & gros comme des pois ; on les a trouvés sur du laitier, dans des crevasses qui s'étoient faites aux fourneaux où l'on fond les mines de fer. Ces cristaux sont le plus ordinairement groupés, & quelquefois ils tapissent des cavités. Les différentes formes qu'ils affectent, se réduisent aux suivantes : Des prismes à six pans tronqués, ayant deux grandes faces, & quatre petites.

Deux pyramides quadrangulaires tronquées, jointes base à base.

Des pyramides triangulaires, & enfin des pyramides quadrangulaires, dont la base est un trapèse.

Ces cristaux de verre exposés de nouveau à l'action d'un feu violent, produisent un bel émail d'un brun rougeâtre, semblable à celui que donne le grenat après avoir été fondu.

Les schorls du Vésuve ont souvent pour

bafe, du mica; je n'en ai point trouvé dans le jafpe, ni dans le fpath calcaire, ni dans le marbre vomi par ce volcan *(a)*.

REMARQUES SUR LES VOLCANS.

M. le Chevalier Hamilton nous apprend dans fes obfervations fur les Volcans des deux Siciles, que les laves de l'Etna ont été beaucoup plus confidérables que celles du Véfuve *(b)*; que la lave qui entre dans la mer près de Taormina, à trente milles du cratère de l'Etna dont elle fortit, a dans quelques parties quinze milles de largeur, & que les laves communes de ce Volcan, ont quinze à vingt milles de longueur, fur fix à fept milles de largeur, & cinquante pieds d'épaiffeur.

(a) Ces criftaux de fchorl font communs dans les granites plus ou moins altérés que ce Volcan rejette. M. Ferber dit en avoir trouvé dans le fpath calcaire, & ces derniers font les feuls qu'il ne regarde pas comme un produit du feu. *Lettre fur le Véfuve, pages 218 & 219.*

(b) Suivant M. de Sauffure, le mont Véfuve s'élève de $3659\frac{1}{2}$ pieds au-deffus du niveau de la mer, & fa bafe s'étend fur près de trente milles de circonférence.

Le mont Etna s'élève de 10036 pieds au-deffus du niveau de la mer, & fa bafe eft d'environ cent quatre-vingts milles de circuit. M. Hamilton dit, *page 7 de fes Obfervations*, que ces montagnes doivent leur accrétion, aux dépôts fucceffifs des matières qu'elles ont vomies.

Si l'Etna a vomi des laves plus confidérables que celles du Véfuve, celui-ci a fourni, dans fes éruptions, affez de matière pour engloutir *Pompeia, Herculanum, (c)* & *Stabia*, où Pline l'ancien perdit la vie en *76*.

En *1630*, Portici & *Torre del greco* furent détruits par un torrent d'eau bouillante qui fortit du Véfuve avec la lave, il y périt plufieurs milliers de perfonnes. *Obferv. de M. Hamilton*, *page 27*.

Le même Obfervateur, *page 7*, en parlant du *monte-nuovo*, qui a environ cent cinquante pieds de hauteur, fur trois milles de circuit, dit que cette colline qu'on voit aujourd'hui près de Pouzzole, s'éleva du lac Lucrin en *1538*, dans l'efpace de quarante-huit heures.

M. Hamilton obferve que les éruptions font précédées d'une fumée noire pendant le jour, & qui reffemble à de la flamme pendant la nuit; que cette fumée noire fe fait quelque-fois apercevoir pendant deux mois avant les éruptions *(d)*, & qu'on y aperçoit fouvent

---

(c) Herculanum a été enféveli à foixante & dix pieds, & plus, au-deffous de la fuperficie actuelle du terrein.

(d) Les Napolitains ne donnent le nom d'éruption qu'à la lave. *Obf. de M. Hamilton*, *page 22*.

des éclairs volcaniques serpentans , & fulminans.

Plusieurs Naturalistes modernes *(e)*, & entre autres M. Hamilton , nous ont fait connoître que la plus grande partie de l'Italie étoit composée d'éruptions de volcans : que les lacs d'*Averne* & d'*Agnano* *(f)* , ont été ancienne-

---

L'éruption du Vésuve de *1766*, ne cessa totalement que le 10 Décembre , après avoir duré neuf mois.

M. Hamilton , *(page 35 de ses Observ.)* dit, qu'en 1769, le Vésuve jeta, à environ un quart de mille du cratère, une pierre solide de douze pieds de hauteur , & de quarante-cinq pieds de circonférence.

(e) Voyez une Lettre de M. de Saussure, à M. le chevalier Hamilton, dans le Journal de Physique, *Janvier 1776 ;* les Observations de M. Hamilton , *page 8 ;* & les Lettres de M. Ferber, *page 167 de la Traduction françoise.*

(f) Il s'élève constamment & avec précipitation, des bulles d'air de la surface de ce dernier lac, ce qui donne à son eau l'apparence d'être en ébullition , mais elle ne partage que le degré de chaleur de l'atmosphère : l'air qui sort de cette eau me paroît se former par la combinaison des acides avec la terre calcaire ; la vapeur de la grotte du Chien , n'est que l'acide volatil qui se dégage durant cette opération.

La grotte du Chien est une petite caverne creusée au niveau du lac d'*Agnano* , il règne dans cette grotte une moufette perpétuelle , produite par l'acide marin volatil ; cette moufette rougit la teinture de tournesol , & fait cristalliser l'alkali fixe , de même qu'il arrive par l'acide improprement nommé *air fixe.*

ment des volcans , de même qu'*Astruni* , qui
conserve sa forme volcanique plus que tous les
autres ; son cratère qui a environ six milles de
circonférence , est rempli de bois , & entouré
d'une muraille , Sa Majesté Sicilienne en ayant
fait un parc , où elle va chasser le sanglier. On
trouve deux petits lacs dans la plaine , qui est au
fond de ce cratère.

Le Vésuve présentoit à peu-près le même
tableau qu'*Astruni* , après avoir été totalement
éteint pendant quatre cents quatre-vingt-douze
ans : Voici ce qu'en dit *Bræcini* , qui y descendit
peu de temps avant l'éruption de 1631. « Le
» cratère avoit alors cinq milles de circonférence ,
» & environ mille pas de profondeur , ses côtés
» étoient couverts d'arbres , & le fond étoit
» une plaine où paissoit le bétail : les endroits
» couverts de bois étoient peuplés de sangliers :
» au milieu de la plaine qui formoit le fond du
» cratère , étoit un passage étroit , un sentier tor-
» tueux & en pente , par lequel on descendoit
» environ un mille sur des rochers & des pierres ;
» on parvenoit ainsi dans une plaine plus spa-
» cieuse & couverte de cendre ; il y avoit dans cette
» plaine trois petits étangs , placés de manière
» qu'ils formoient un triangle ; l'eau de l'étang ,
» vers le levant , étoit amère outre mesure ; l'eau

de

de l'étang, vers le couchant, étoit plus amère «
que celle de la mer ; l'eau du troisième étang «
étoit chaude, & n'avoit pas de goût parti- «
culier. » *Obfervat. de M. Hamilton, page 6 2.*
Voyez le paffage même de Braccini, cité dans les
notes de M. le Baron de Dietrich, fur les Lettres
de M. Ferber, page 2 0 1.

Près d'*Aftruni* & vers la mer, s'élève la
Solfatare ; M. Hamilton dit qu'elle a confervé
fon cratère & beaucoup de fa chaleur primitive :
dans la plaine, qui eft au milieu du cratère, la
fumée fort de plufieurs endroits, à travers lefquels il fe fublime du fel ammoniac & du réalgar ;
l'un & l'autre s'attachent fous forme criftalline
aux pierres avec lefquelles on couvre ces ouvertures ; du fable qui recouvre la plaine de la
folfatare, on tire du foufre & de l'alun.

Dans les îles Lipari, on remarque *Volcano*,
qui, fuivant M. Hamilton, eft à peu-près dans
le même état que la Solfatare ; mais plus actif
puifqu'il a jeté une quantité prodigieufe de
cendres & de pierres - ponces il y a trois
ans. L'île de *Stromboli*, felon le même Obfervateur, eft un volcan qui eft dans toute fa force,
& qui diffère de l'Etna & du Véfuve, en ce
qu'il jette continuellement du feu, & rare-
ment de la lave ; il y a environ une centaine

Tome I.   Y

de familles qui habitent un côté de cette île.

Je terminerai ces remarques sur les volcans, en rapportant ce que dit M. Hamilton sur les laves en prismes, *Observ. page 7.*

« Près du lac *Boïsèna*, entre Rome & *Radi-*
» *cofani* (lac qui fut certainement le cratère
» d'un ancien volcan), j'ai remarqué une lave
» qui imitoit la forme des colonnes pentagones
» articulées, mais moins régulières que celles
» de la chaussée des Géans ; il y a une lave,
» à peu-près de la même espèce, qui a coulé du
» mont Vésuve dans la mer, entre *Resna* &
» *Torre del greco.*

»   Il y a un ancien fleuve de lave qui a coulé
» du mont Etna dans la mer, elle est composée
» de basalte en colonnes distinctes ; cette lave
» a formé l'île *Castel-a-mare*, dont le sol est du
» basalte en prismes ; cette île est près de *Jacci*,
» au pied du mont Etna. »

On ne peut point refuser à M. le chevalier Hamilton, que le sol de *Castel-a-mare* ne soit de basalte ; mais cette île s'élève de beaucoup au-dessus de la mer, & je ne sache pas qu'on ait trouvé jusqu'à présent du basalte en prismes dans les laves qui composent l'Etna.

Quant à la lave observée par M. Hamilton,

entre *Refina* & *Torre del greco*, & qu'il dit être
à peu-près de même espèce que la lave en
prifmes des bords du lac de Bolfena, il faudroit
conftater bien pofitivement qu'elle eft auffi de
forme prifmatique, en un mot, que le Véfuve
a vomi des bafaltes en prifmes. Ce feroit enri-
chir la Phyfique d'une nouvelle découverte ;
& c'eft ce qu'on a droit d'attendre de M. le
chevalier Hamilton, à qui l'on eft déjà redevable d'un très-bon Ouvrage fur les volcans
des deux Siciles.

FIN du premier Volume.